马家柚发展与栽培技术问答

伊华林　吴方方　编著

U0349158

中国农业科学技术出版社

图书在版编目（CIP）数据

马家柚发展与栽培技术问答／伊华林，吴方方编著.—北京：中国农业科学技术出版社，2014.12

ISBN 978－7－5116－1889－4

Ⅰ.①马… Ⅱ.①伊…②吴… Ⅲ.①柚－果树园艺 Ⅳ.①S666.3

中国版本图书馆 CIP 数据核字（2014）第 269369 号

责任编辑	崔改泵	
责任校对	贾晓红	
出 版 者	中国农业科学技术出版社	
	北京市中关村南大街 12 号　邮编：100081	
电 话	（010）82109194（编辑室）　（010）82109702（发行部）	
	（010）82109709（读者服务部）	
传 真	（010）82106650	
网 址	http://www.castp.cn	
经 销 者	各地新华书店	
印 刷 者	北京富泰印刷有限责任公司	
开 本	850mm ×1 168mm　1/32	
印 张	3.125	
字 数	82 千字	
版 次	2014 年 12 月第 1 版　2017 年 3 月第 2 次印刷	
定 价	20.00 元	

序

　　我国是柑橘类果树的重要原产地和主产地,世界上第一篇赞颂柑橘的诗篇《橘颂》及柑橘专著《橘录》均出自我国。自 2007 年以来,我国柑橘栽培面积与产量始终居于世界第一位,柑橘业已成为我国南方山区农业发展、农民致富和农村稳定的重要支柱产业,特别对农民安稳致富、山地水土保持等起着十分重要的作用。

　　进入 21 世纪后,我国柑橘产业得到快速发展,发展思路从初始以扩大面积、增加产量为主逐步转变为注重品牌、文化建设与优质安全果品生产相融合。柑橘业发展格局也发生了几个明显的变化:一是种植区域不断优化,产区特色化趋势明显;二是品种结构不断优化,鲜果供应期明显延长;三是栽培面积增长迅速,产量不断增加,鲜果供应受市场影响明显;四是苗木繁育与建园定植技术更加规范,省力化栽培技术成为柑橘业重点发展技术;五是病虫害综合防控技术与采后贮藏保鲜技术不断发展。同时,我国柑橘产业仍存在优质果品率及果品安全卫生水平不高、果实品质参差不齐、果园地力退化趋势加剧等问题,严重影响柑橘种植效益的提升和产业的持续稳定发展。

　　柑橘产业要持续稳定健康发展,其中最不可缺的就是科学技术。只有普及柑橘优质、高效、安全生产技术，让千千万万的果农懂得了种什么、怎么种和怎样管，柑橘产业才有可能持续、健康、稳定发展。

江西省广丰县历史上林果种类繁多，森林茂盛，植被覆盖率高，村民有房前屋后种植柚子的习俗。20世纪80年代，广丰县农林科技工作者从当地农家柚品种中筛选出优良单株，其具有树势强健、果大、瓤红、汁多等特点，深受消费者欢迎，并命名为马家柚。近几年来，因马家柚特有的品质及在市场上的受欢迎程度，广丰县委、县政府将发展马家柚作为广丰县农业产业结构调整的一个重大举措，并得到了广泛响应，发展速度很快。由于广丰县没有柑橘规模种植的历史，为引导果农种好马家柚，华中农业大学和广丰县农业局组织编写了此本科普读物，内容涉及马家柚的育苗、建园、土壤管理、整形修剪及病虫防治等方面。本书总结吸收了国内外最新的柚管理和栽培技术，同时兼顾可操作性，对理论的解说也浅显易懂。

相信这本书的出版发行，将对广丰县马家柚产业的发展起到有效的指导作用，也将对提高果农的科技意识起到明显的推动作用，成为广丰县农业产业结构调整有力的支撑。

目　　录

第一部分　马家柚栽培要求的环境条件

1. 发展马家柚需要满足哪些基本气候条件？

生产优质马家柚果品品必需具备的气候条件：年平均温度17～20℃，1月平均温度≥5℃，绝对最低温度≥−5℃。年日照1 100～1 600小时，≥10℃的年积温5 800 ℃以上，无霜期不低于300天，空气相对湿度小于80％，年降水量200～2 000毫米以上。广丰县海拔300米以下地区的气候基本可以满足马家柚发展的气候要求。

2. 适宜马家柚生长的土壤条件是什么？

果园最好选在土层深、土壤疏松透气、富含有机质的区域。土壤类型以红黄壤、沙壤及紫色土为好。土层太浅会影响根系生长，导致树冠小、抗逆性差、容易干旱，因此，土层深度至少达到80厘米以上，活土层60厘米以上。土壤有机质含量高低对土壤的保肥保水性能和土壤质地有很大影响，土壤有机质含量在3％以上，马家柚容易获得丰产，品质更优。另外，地下水位的高低影响根系生长，同时会增加有害物质的累积。通常要求柑橘园地下水位在1米以下。平地或水田改建成柚园时，要挖深排水沟，降低地下水位。土壤pH值以5.5～7.0为宜。但土壤条件可人为改良，低于这些条件的地块经过适当改造也可发展马家柚。

第二部分　马家柚果园规划与建设

1. 柚园如何选址?

在满足柚树栽培的气候条件下,宜选择土壤疏松、透气、有一定肥力、光照条件良好的南向、东向地段建园,北风口需要建设防风林。果园附近最好水源充足,植被良好,交通便利。远离对空气、水和土壤有污染的工厂、医院。

2. 丰产稳产柚园如何规划、建设?

柚树是多年生作物,生长周期长,好的园区建设是高效果业的基础。柚园规划建设应着眼长远,实行山、水、园、林、路等综合配套。园区排灌要方便,最好是水肥一体规划。为方便管理需规划工具间、库房等附属设施。适度控制果园小区面积,山地小于50亩(15亩=1公顷,全书同),平地在100亩左右。小区与小区间需有防护林带。

山地建园,根据地形地貌布置水平梯地,梯地需外高内低(梯地水平走向应有3‰~5‰的比降)。对山梁脊地可由两侧自下而上向顶梁布置;馒头山自上而下绕山头环状布置。遇到弯地则大弯顺弯,小弯取直,削凸填凹,做到梯壁整齐。一面坡的山地可沿等高线平行布置。较高的山地修水平梯地,需注意山顶戴帽即山顶的植被要保留。坡地建园需注意山脊间的植被去留。

水田和平地建园,应根据地形、地貌及风向、现有交通状况进行统筹规划,确定定植面宽度,做到操作简便、通风透光;水田需特别注意排水,根据地下水位情况挖掘排水沟深度达到40~80厘米。灌溉条件良好的平地和水田建园建议采用起垄栽植,垄高30~40厘米,垄壁夯实。

道路建设应与小区规划相结合。包括主干道、支干道与果园便道,最好都为水泥或沙子路面,需道道相连、成网状,方便农事操作和运输。主干道应贯通全园,主干道宽度应根据果园整体面积及可能采用的运输、交通工具大小来确定,一般来说,不窄于3.5米,可在一定距离、适当部位预留会车点。支干道主要用于小型农用车往来,宽度2.5米左右即可。作业便道(人行道)能通过小型农机具和方便工人农事操作,宽度达到1.5米为佳。原则上果园内任何一点到最近的道路之间的直线距离控制在75米以内,特殊地段控制在100米左右。建立山地果园道路,要注意坡度问题,要沿着一条通向全园的等高线开辟干道,其坡度必须小于15°,即100米距离内,路面升降不超过9米。转弯角度在110°以上,大坡度地段的纵向道还可修成S形。另外,道路建设最好和防护林及排灌水设施建设相结合,尤其是主干道和支干道。

水利系统,要达到能引、能蓄、能排、能灌的效果,需要根据果园地形和承雨面设置拦洪沟、排水沟和背沟。在果园间每个小区内的最高点修建一个利用机械或天然蓄水的蓄水池,大小按每亩15~20立方米修建,山脚需修建水塘若干个,形成以中转水池和水塘为中心的纵横贯穿果园的主水管道。管道沿道路配置,并在每条梯面定植带设置闸口。

在现有果园建设中,应将集水灌溉作为首选,即在每个小区高点修一个集水池,雨季集水,旱季灌溉。集水灌溉与提水灌溉结合起来效果最佳。一般来说,蓄水池与肥料发酵池相结合,有利于水肥一体化技术,便于省力栽培,提高肥料利用效率。

3. 柚园如何保持水土?

水土保持工程主要有修建标准梯田、筑撩壕、果园生草及建好排水系统等措施。标准梯田应是梯面呈反坡形(即外高内低),梯壁旁建背沟(30厘米左右深度),并在背沟一定区域建沉沙凼,可减少雨水冲刷对梯地的损坏。幼龄果园应在行间间作矮秆作物或绿肥,以覆盖梯面,减少水土流失。土坎梯田可在梯壁种植绿肥,在减少水土流失的同时,增加土壤有机质含量。

4. 柚园如何建防风林?

柚园建防风林有很多好处,如防止风害,阻隔病虫害的传播,增加果园的植被多样性,阻滞冷空气等。防风林建设应与道路建设相结合,宜选择速生、直立、根系深而不广,与马家柚没有交叉病害的树种,如松、杨、杉等。防风林由两排树组成为佳,乔木和灌木搭配,外灌内乔。种植防护林路段旁最好修排水沟,以使防护林带根系与果树根系隔离。

第三部分　马家柚苗木生产技术

1. 怎样建立无病毒苗圃？

(1)苗圃要注意和生产区域隔离,平原地区周围5 000米范围,山区周围3 000米范围内没有柑橘类植物,以减少病虫和病毒传染。有病毒病发生地区,利用温室、塑料大棚等设施,进行保护地育苗。

(2)一个完善的苗圃应有采穗圃、母本园及育苗圃。采穗圃与母本园最好是大棚或网室,苗圃可采取露天与网室育苗2种方式。

(3)地势应选择背风向阳、日照好、稍有坡度的开阔地。平地地下水位宜在1.0~1.5米。

2. 怎样建立良种母本园？

母本园是提供优良接穗、插条、种子等果树苗木繁殖材料的场所,包括良种母本园和砧木母本园。良种母本园要求经过农艺性状与遗传性状鉴定,品种典型纯一,保存的材料为经过病虫害检疫健康无病的材料,母本园须保存在网室中。接穗品种母本园一般须3年重新检测或更新。母本园要求农业技术措施标准规范;区域内无病毒、无重要病虫害,特别是无检疫对象病虫害;园地周围没有中间寄生植物,有条件的要进行隔离。砧木母本园除有计划地新建外,也可将野生砧木资源丰富的地区,如拥有成片的典型性较高的野生砧木林,通过选择,去杂去劣,改建成砧木母本园。

母本园良种来源:母本须来自种性典型、树体无病强健、优质丰产的植株,最好来自原始母树。境外引进苗木,应隔离种植2~3年,确定无检疫性病虫害方可入园种植。或者在纯度高、无病害的生产园选择连续多年丰产优质的单株作为优良母本。

3. 柚苗木繁育适宜用哪些砧木品种?

适宜的砧木品种有枳、枳橙、枳柚、酸柚等,以酸柚、枳为佳。酸柚是常用的柚类果树砧木品种,其根系深,较适宜土层深厚、土壤肥沃、排水良好的果园栽培,对于根腐病、流胶病以及吉丁虫等有一定的抗性,但其不耐寒,冬季需注意防止低温冻害。枳是最常用的柑橘砧木品种,其须根发达,适宜于土层较浅、水分充足、富含有机质的土壤,在微酸性土壤中生长良好,其耐寒性好,对脚腐病、流胶病、根线虫、速衰病等也具有抗性,柚类以枳作砧木通常结果良好,且表现矮化、早果、品质优良。

4. 砧木种子如何采集、处理和贮运?

(1)砧木种子采集。种子应采自品种纯正、生长健壮的良种母树,一般情况下果实成熟即可采收取种(枳可从未成熟果实取种),如枳种子最佳采收时期为9—10月。采集的种子必须淘净果皮、果肉及果胶等杂质,否则种子易腐烂。采集到的砧木种子应经处理后或贮藏或播种。

砧木种子常用的消毒方法如下。

①将种子浸于保持51.5℃的热水中,不断振荡10分钟,然

后将种子捞出,阴干或吸干种子表面水分,再用杀菌剂处理。

②用1‰的8-羟基喹林硫盐浸种,待种皮沾满药液后捞出阴干至种皮发白。

③用0.4%的高锰酸钾溶液泡种10分钟,再用清水洗。

④用300倍的福尔马林溶液泡种10分钟。

⑤在35~40℃的1.5%硫酸镁溶液中浸种2小时,消除种子所带的病菌,有利于发芽和生长。

(2)砧木种子贮藏。通常用沙藏法,即将4倍于种子体积的含水量为5%~10%的清洁河沙与种子混匀,置于室内干燥、易排水的地面,堆积高度以25~45厘米为宜,上盖5厘米河沙后覆盖塑料薄膜保湿。种子对水分敏感,每7~10天应检查河沙含水量,水分不足则需喷水以调整河沙含水量,贮藏中尽可能保持低温(4~10℃为宜)。短期贮藏可用鲜果,播时取种。少量贮藏,可将种子消毒杀菌阴干至种皮发白后,装入聚乙烯薄膜袋中,排尽空气,密封,置于1.5~7.5℃低温贮藏,此法可贮藏1年或更长时间。

(3)砧木种子调运。应该采用鲜果或阴干后的种子,忌调运刚剥下的湿种子。

5. 怎样进行砧木播种?

(1)播种时期。

果实采收(一般在7月中旬以后至10月份均可采收)后至次年3月均可播种,保护地播种可根据需要自定,露地播种应根据当地气温情况灵活掌握,一般地温14~16℃时种子开始发芽,25~30℃发芽生长迅速,枳嫩种可在谢花后110~120天进行播种。

（2）播种前的准备。

①播种地和播种箱等露地繁殖播种应先深翻、晾晒（最好进行消毒）并施足底肥，精细整地，使土壤疏松后开畦，畦宽1米左右。畦间应有25～30厘米宽、10～15厘米深的沟。保护地繁殖应准备好播种箱或营养钵及培养土等用于播种。

②种子生活力测定和播前处理。播种前应测种子生活力，以确定用种量。常用的方法：一是直接测定法。取一定数量的种子，剥去内外种皮或切去大头种皮，用0.1%高锰酸钾溶液消毒后清水冲洗2～3次，置于有双层湿润滤纸的容器内，在25～30℃条件下观察数日，统计发芽数，计算发芽率。二是靛蓝胭脂红染色法。用清水浸泡种子24小时，剥去种皮后在常温下浸于0.1%～0.2%的靛蓝胭脂红溶液中，3小时后观察，完全着色或胚部着色的是失去生活力的种子，据此统计具有生活力的种子数目。为了提高种子发芽率，加快发芽速度，防治病害，种子播种前通常需进行催芽处理。催芽的方法较多，常用的处理方法：一是用200～1 000毫克/千克的赤霉素（GA）或细胞激动素（BA）单独或混合液浸种24小时；二是将经消毒处理后的种子置于25～30℃恒温保湿环境中，待种子萌动即可播种，经催芽处理的种子一般数天内即可发芽。

（3）播种方法及播种量。

①播种方法（露地播种）。常用方法有撒播、条播2种，撒播节约土地，条播便于除草、施肥和节省种子。撒播是将种子均匀撒于准备好的播种床上，盖上0.5～1.0厘米厚的细砂壤土，浇透水后将塑料薄膜支撑成拱形覆盖在苗床上，四周压紧保温保湿，或覆盖稻草、松针、谷壳等；条播为开畦横行条播，播幅（种子播种宽度）15厘米，播幅间距25厘米。

②播种量。播种量的多少因不同的播种方法和种子的大小、质量而有所不同。如枳壳一般每亩(1 亩≈667 平方米,全书同)的播种量为 25～30 千克,而酸柚亩播种量 20 千克为好。

6. 砧木苗移栽须注意什么?

(1)移栽时期、方式。露地砧苗移栽时期可选择秋季、春初或 5—6 月,应根据当地气候条件及砧木苗长势因地制宜,灵活掌握。一般在砧木苗长至 15～20 厘米时即可移栽。移栽方式可选用宽窄行移栽或开畦横行移栽,前者适于腹接为主的地区,后者适于切接为主的地区。砧苗移栽前应按大小分级,以利于对小苗的管理,同时达到嫁接标准。保护地移栽应选用育苗钵,一钵一苗,移栽时,将育苗钵中装入 1/3 营养土,剪去 1/3 主根后,手持砧木苗放入育苗钵中央,四周均匀装土,土料以覆盖苗木根部黄绿结合部位为准,育苗钵口下 2 厘米作为营养土高度。

(2)移栽后的管理。移栽的露地砧苗成活发芽后可开始施肥,在 2 月、5—6 月、7—8 月施腐熟人畜液肥,并加入 0.3%尿素,9 月以后停止施肥。经常剪除砧基部 20 厘米内的分枝、针刺,以保持嫁接部位的光滑,同时加强病虫害防治,整个生长期中注意中耕、除草等。

7. 接穗采集有什么技术要求?

接穗原则上应来自采穗圃,如果不得已从生产园中采接穗,须经病毒检测,并调查其长势与农艺性状。采集接穗时应剪取树冠中上部生长健壮、芽眼饱满的一年生已木质化的春梢或秋梢,应在枝条充分成熟且新芽未萌发时剪取,一般随接随剪,在晴天上午露水干后剪取,或雨天晴后 2～3 天再取,雨天采集时则应先晾干再包装贮藏。接穗剪下后立即除去叶片,但芽接应保留叶柄,每 50～100 枝捆成一束,用湿布包好,挂上标签,写明品种、数量、采集日期等。引进接穗要严格检疫,办理检疫手续,登记建档。若需贮藏待用则应放置在温度 4～13℃、相对湿度90%左右、透气良好的条件下,将接穗用湿润细沙或米糠等埋藏,露出 1～2 芽,上盖薄膜。

8. 柚苗怎样嫁接?

(1)接芽的削取。接穗单芽枝长约 1.0～1.5 厘米,嫁接的单芽应为通头单芽。削取通头单芽时,将接穗宽而平整的一面紧贴左手食指,在其反面离枝条芽眼下方 1.0～1.2 厘米处以45°角削断接穗,此断面称为"短削面";然后翻转枝条,从芽眼上方下刀,刀刃紧贴接穗,由浅至深往下削,削下皮层露出黄白色的形成层,此削面称为"长削面",长削面要求平、直、光滑而深恰至形成层;再在芽眼上方 0.2 厘米左右处以 30°角削断接穗,放入盛有清洁水的容器中备用,注意水中浸泡时间不应超过4 小时。

(2)嫁接。①腹接。腹接具有嫁接时间长,一次未成活可多次补接的特点,是柑橘繁殖中广泛采用的嫁接方法。依据接芽种类不同可分为单芽腹接、芽片腹接等。砧木切口部位在离地面 10～15 厘米处,应选其东南方向、光滑部位。砧木切口方法为刀紧贴砧木主干向下纵切一刀,深至形成层,长约 1.5 厘米,将削下的切口皮层切掉 1/3～1/2,砧木切口要求平直、光滑而不伤木质。然后嵌入削好的接芽,再用塑料薄膜条紧密缚扎,秋季腹接应将接穗全包扎在薄膜内,春季及 5—6 月腹接可作露芽缚扎,仅露芽眼。接芽为芽苞片时,砧木切口可开成"T"形。

②切接。由于切接成活后发芽快而整齐,苗木生长健壮、不剪砧,因此只能在春季应用。切接的接穗可用单芽或芽苞片,因而可分为单芽切接和芽苞切接。春季雨水充足地区,砧木应于嫁接前1～2天,从离地面10～15厘米处剪断,使多余的水分蒸发,以防接后接口处水分过多而影响成活。砧木切口方法如腹接法切口,以只切到形成层为宜,在砧木切口的上部将刀口朝一侧斜拉切断砧木,断面为光滑斜面,切口在砧桩低的一侧。将接芽嵌入砧木切口,用塑料薄膜带缚扎,砧木顶部用方块聚乙烯薄膜将接芽及砧木包在内,形成"小室",萌发后再剪破"小室"上端。

9. 怎样进行柚子嫁接苗的管理?

(1)检查是否成活及补接。嫁接成活后7～15天,如接穗仍保持鲜绿色者为成活,否则应及时补接。砧木上的萌蘖要及时抹去,以免影响接芽成活。

(2)适时解绑、除萌、剪砧折砧、扶正。春季切接一般用方块薄膜包扎。上年秋季嫁接采用不露芽包扎后,均应在接芽开始萌芽前,及时去膜,让新梢萌发生长。夏季嫁接则待接芽抽发10～15厘米时解除薄膜。夏季腹接苗,应进行1次折砧,1次剪砧,即在嫁接后15天左右,于接芽上方3厘米处折砧,待新梢木质化后剪砧,若剪砧后抽生的新梢弯曲,应立支柱扶正。

(3)摘心整形。接芽萌发新梢后,长至12～15厘米摘心,促抽分枝。夏秋梢长出2～3次梢后,在40厘米处剪顶定干。定干整形后,在顶端以下15～20厘米范围内,选留3～4根壮梢以培养主枝。

(4)肥水管理及田间病虫害防治。嫁接苗抽发后至7月底,每月施肥 1 次。为避免晚秋梢被冻死,8 月后不要施肥。注意苗圃干旱季节供水,保持土壤湿润。病虫害多发季节,每 7 天查 1 次虫情,及早防治。

10. 怎样进行柚子容器育苗?

容器苗根系完整、发达,移栽不伤根,四季都可以定植,而且定植成活率高、投产快,具有良好的应用价值。容器育苗步骤如下。

(1)选择容器种类。一是能被分解的泥炭容器、竹篓等。二是塑料制品,有硬塑和软塑材料之分,硬塑料容器育苗移栽时应将容器脱掉,将苗木和基质一起栽入土壤,而软塑料容器可以不用脱掉容器直接栽种。其规格一般为高 32 厘米,直径 11~15 厘米,袋下部四周设有 1~2 个排水孔。三是无纺布袋状容器,具有较高透水透气性且成本低,因而应用较多,移栽时可不用脱去容器,操作较方便。

(2)配制营养土。营养土配方为 60%园田土+30%腐熟有机肥或草炭土+10%细河砂+谷壳+0.5%复混肥等,也可用其他配方,基本原则是透气、酸碱度合适、营养充分,将混匀的营养土进行蒸汽消毒或太阳下暴晒。

(3)培育砧木苗,选择饱满、均匀、无病害的砧木种子,将种子播种于播种器或者苗床上。播种时,将种子胚芽一端置于播种器和播种苗床的营养土下,播后覆盖 1.0~1.5 厘米厚的营养土,一次性灌足水,萌芽后注意施用复合肥和防治病虫害,当砧木苗长到 15~20 厘米高即可移栽(具体方法见本节 6.)。

(4)砧木苗移栽至容器。砧木苗移栽时,注意根系修整。

(5)砧木苗管理与嫁接。容器的营养有限,随着植株的生长需要不定期补充肥水。砧木直径超过 0.4 厘米时即可嫁接,接穗须为无病毒来源。嫁接苗管理按常规育苗方法进行。

11. 柚子设施育苗须注意什么?

广丰冬季雪少,设施育苗只需在网室内进行即可。塑料大棚不宜作为育苗设施。网室育苗通常与容器育苗相结合。通常须注意以下几个环节。

(1)温度管理。通过换气扇和遮阳网来调节,一般网室内温度以不超过 30℃ 为宜。温度高通过换气扇及盖遮阳网降温,午间可适度喷水。

(2)环境管理。网室须有缓冲间(带消毒池),进出须及时关门,网室须排水透气性能好,地面不出现积水。

(3)母本园及采穗圃最好专人管理,不让外人随意入内参观。

12. 何谓育苗"三证"管理?

马家柚是多年生经济作物,经济寿命长达几十年甚至百余年。品种的优劣、苗木的强弱直接关系到生产者长远的经济利益。通过实行"三证"管理,可规范苗木繁育过程,以保证苗木质量。"三证"的实行包括以下几个方面。

(1)育苗者需持有果业管理部门认定、发放的"育苗许可证"。

(2)出圃必须有苗木质量检验合格证,苗木出圃标准按国家柑橘嫁接苗分级标准(GB/T 9659－2008)规定执行。

(3)调运需持有病虫检疫和病毒检验合格证。地区、县级植保检疫部门应对当地计划出圃苗木进行检疫,检疫对象有黄龙病、溃疡病、瘤壁虱、柑橘大实蝇和柑橘小实蝇等。

13. 优质苗木的标准是什么？

优质苗木必须品种纯正、遗传性状稳定、砧穗配套、无检疫性和危险性病虫害。出圃苗木应生长健壮、枝粗、叶厚、色浓绿、有光泽,主干直立,分枝合理,主根粗壮,侧根发达。枳砧马家柚一级苗木的规格是:苗干高(剪去秋稍后)≥40 厘米,地径≥0.8厘米,无机械损伤,侧根数≥4,分枝数≥3。二级苗木的规格是苗干高(剪去秋稍后)≥35 厘米,地径≥0.6 厘米,无机械损伤或损伤较轻,侧根数≥3,分枝数≥2。

14. 起苗有哪些技术要求？

起苗有以下 4 项技术要求。

(1)起苗前 2 天苗圃灌水,保证苗木吸收足够的水分。

(2)带土挖苗(干旱时应先浇水)不伤根,随挖随植不过夜,最好用前口为椭圆形的专用起苗锹起苗,剪去受伤根系和过长主根(主根可保留 20 厘米左右)。需长距离运输的苗木在起苗后应用浓泥浆浆根,并用包装袋包扎,然后存放在阴凉处。每次起运的苗木在运输过程中一定要做到全封闭,严禁风吹雨淋,途中可适时浇水降温,防止烧苗。

(3)剪除多余主枝及侧枝,保留方位适当的 3 根枝条,依据"看根留叶"原则,剪除 30%～50%的枝条叶片,原则上结合疏枝除叶。

(4)核对品种、登记、挂牌,凡外地调入苗木应先解包检查,核对品种、登记、挂牌无误后,将根沾上泥浆后再进行栽植。

15. 如何用容器假植柚苗？

容器假植柚苗过程可分为以下 4 个步骤。

（1）材料准备。

①苗木。假植苗使用一年生嫁接苗，要求苗高超过 35 厘米，近地端茎粗 0.6 厘米以上。苗相好，叶色健康，不带病虫。

②营养袋。营养袋材料为黑色耐氧化聚乙烯膜，厚度为 3 丝（0.03 毫米）。视假植时间长短选择营养袋大小。一般情况下，选用规格为高 45 厘米，口径 18 厘米。袋底和侧面设 8～10 个口径为 0.5 厘米的滤水孔。

③营养土。营养土基质为富含有机质的肥沃园田土和塘泥，每立方米基质掺入 0.1 立方米细河砂、20 千克经过充分腐熟的饼肥、40 千克马家柚专用肥、150 克硫酸亚铁和 150 克硫酸锌。以上材料混合均匀后，再用粉碎机粉碎细化，最后用 500 倍多菌灵消毒，堆沤 15 天后即可使用。

④假植圃。假植圃一般设在基地的中心区域，对土壤要求不高，在排灌条件良好的平地上即可设立。假植圃内设若干小区，小区之间用道路和排灌渠道隔开，小区一般为长方形，长度以 40 米为宜，宽度一般不超过 20 米。

（2）假植。

①假植的时间。一般在 180 天以内为宜，在春梢老熟后即定植最佳，假植时间过长易圈根。

②装袋及摆放。苗木进袋时要做到苗正根直、摆放整齐。小苗进袋的技术要求与大田植苗要求相同。假植圃中一般每行摆放 4 袋，行宽 80 厘米，行间距（走道）60 厘米。

③定根水。苗袋摆放好后立即浇足浇透定根水，定根水的标准是营养袋底孔出水。苗木进袋后若遇高温，应连续浇水 3～4 次，防止苗木脱水枯死。定根水不宜过量，否则会造成营养的流失。有条件的可用一层湿木屑覆盖营养袋表层土，可以起

到保水防草的作用。

④定干。苗木进袋后要进行适当的修剪,一是剪除苗木 40 厘米以上的中心干,促发苗木在假植期间抽发侧枝,增加分枝级数和末级梢量;二是剪除苗木的病虫枝、萎蔫枝叶,提高苗木成活率。

(3)假植圃的管理。

①肥料。假植的苗木以施液态肥为主。对于营养袋假植的苗木,如果假植营养土养分充足,基本可以满足苗木抽发春梢和夏梢的营养需求,可适当施用速效氮肥。

②水分。营养袋假植的苗木对水分的要求比较高,因为营养袋隔断了营养土和土地的联系,遇高温、干旱营养土更容易枯水。因此,要根据天气情况及时补充水分。但假植圃也不宜出现渍涝,袋内积水容易导致苗木烂根,出现积水要及时排除。

③除草。及时除草是此阶段苗木管理的主要工作,否则会影响苗木的正常生长。营养袋除草应做到除早除小,若袋内杂草多且大,人工拔除过程中容易伤及苗木根系,从而影响苗木生长。假植圃走道杂草可使用除草剂,营养袋内除草严禁使用除草剂。

④病虫防治。进圃假植的苗木要经过严格的检疫,防止携带检疫性病虫。假植圃苗木病虫防治的重点是恶性叶甲、红黄蜘蛛、黑刺粉虱和潜叶蛾,其中春季的叶甲和秋季的潜叶蛾是重中之重。

(4)出圃定植。

①定植时间。营养袋假植的苗木出圃定植的时间不受季节、天气的影响,只要苗木达到定植规格,随时可以进园定植,且苗木的成活率、生长势均不会受到任何影响。

②运输及定植。苗木运输过程中要尽量保证营养袋完整，根系不受伤害。定植时苗木置入定植穴后，再用小刀划开并取出营养袋，扶正苗木，用土夯实即可。圈根的假植苗，须适度修剪根系。

16. 柚树何时定植最适宜？

柚树定植时间应在春季（2月下旬至3月中旬）和秋季（10月上、中旬），在光照不强、空气相对湿度较大的阴凉天进行，土温低于12℃或气温高于30℃时不宜栽植。容器苗和经过容器假植的苗木，四季均可栽植。在雨季来临前定植效果最佳。

17. 柚树栽植的定植点如何确定？

定植点的确定需综合考虑地形、地势、土壤和气候条件。平地或缓坡地定植行向最好与冬季北风向垂直，而灌水渠道与冬季北风向平行（一方面有利于灌水，另一方面有利于排出冷湿气流）；坡地按等高线修筑梯地，以梯面走向为行，定植线应在离外沿1/3处，梯面宽窄不一的，基线以外沿为准。栽植一行有余的宽梯面，采用三角形定植法栽植2行。

18. 柚树定植密度如何确定？

马家柚树势强健、树体高大，定植的密度可根据地形进行适当调整。平地果园以株行距4米×5米为宜，亩栽33株左右。山地果园以株行距3.5米×5米为宜，亩栽40株左右。

19. 柚苗如何定植？

采用带土移栽苗木成活率高。定植穴长60厘米、宽40厘米、深 30～40 厘米,苗木必须栽在穴中央,主干与地面垂直,根系舒展分层放入,苗木根系不能与未腐熟基肥直接接触,避免肥料发酵释放热量烧根。种下后,踩实土壤,轻轻向上一提再复土盖平,带土苗栽植填土时不需提苗。平底栽植埂应高出田面 10 厘米左右,山地栽植穴盘整理成锅底型,以便浇水、抗旱。嫁接口必须露出地面,可立支柱扶正和固定树苗。栽植后必须浇足定根水,以土壤水分饱和为准,保证根系与土壤密结,有条件的园区可在夏季用稻草、杂草等物覆盖保湿。

20. 柚苗定植后如何进行管理?

柚苗定植后管理应注重以下 4 个方面。

(1)浇水施肥。苗木栽植成活前,视天气情况每 2～3 天浇 1 次水,成活后一月左右施 1 次充分腐熟的稀薄人畜液肥,以利苗木正常生长。

(2)防冻防风。主干培土或刷白防冻,并且立支柱防风。

(3)摘心除萌(定干)。长枝需摘心,除去主干心芽和位置不当处所抽生出的萌芽。

(4)取土护根。新定植的苗木,定植穴会因为雨后土壤下沉导致部分根系暴露在空气中,不利于果树恢复树势,降低成活率,因此应抓紧时间组织人力培土护根。

21. 刚定植柚树提早结果的措施有哪些?

柚树生长势强,一年可多次抽梢,枝梢生长旺盛,容易形成密集的树冠,为其提早结果创造了可能。一般可采取下列措施促进刚定植柚树提早结果。

(1)利用具有矮化、早果效果的砧木。柚树常用砧木有酸柚和枳,其中枳砧可促使接穗的树冠矮化且结果早。

(2)改良土壤,增加土壤有机质含量,创造适合柚树根系生长的土壤环境。

(3)科学施肥。对幼年柚树的施肥要把握勤施薄施的原则,保证其在适度的营养生长的基础上,有充足的养分积累,促使花芽分化。

(4)低干整形,抹芽摘心。注重幼年树的整形修剪。幼年柚树下部内膛枝、斜生枝、下垂枝和无叶枝是主要的结果母枝,在修剪时应尽量保留。对直立、上翘的春梢强枝应疏剪,保留内层的下垂的中庸枝。控制夏梢生长,及时疏剪或摘心,适当放秋梢、抹除晚秋梢。

(5)加大枝梢及根系生长的角度。对幼年树进行拉枝以降低树势、扩大树冠,同时可抑制枝梢旺长,有利于提早结果。对于旺长幼年树可在其花芽分化前期(9月中下旬至10月下旬)在树冠滴水线内开条沟或环状沟,修剪断根,断根粗度应达到0.5～1.5厘米,晾根30～60天,叶片出现微卷时填土,填土结合深放有机肥,以促进花芽分化。

(6)对于旺树、旺枝在花芽分化前期采用环割、环扎、环剥主枝、副主枝等措施促进花芽分化。

第四部分 马家柚土肥水管理

1. 优质柚果生产的理想土壤环境是什么样的？

(1)土层深厚。柚是深根性的树种,要求土壤深度在1米以上。根系分布深能提高树体的耐旱、耐寒能力。

(2)土层疏松。以沙壤土或壤土最为适宜,其通气、透水、保水、保肥能力强。

(3)土层肥沃。高产园土壤有机质含量在2%~3%以上,氮含量为0.1%~0.2%,磷含量为0.15%~0.8%,钾含量在2%以上。

(4)酸碱度适宜。pH值在5.0~7.5范围内都可生长结果,以pH值5.5~6.5为最宜。酸性土壤有利于微生物繁殖和菌根生长,可增强根系的吸收能力。

2. 柚园土壤管理有哪些方法？

土壤管理的方法有。
(1)中耕及半免耕。
(2)间作与生草。
(3)深翻结合施有机肥,可改善土壤透气性。
(4)覆盖和培土。

3. 怎样进行柚园土壤改良？

土壤改良的最终目的是改善土壤性能、培肥土壤,为优质丰产打下良好基础。新开辟的山地果园,需进行土壤熟化,其方法如下。

(1)抽槽改土(酸性土壤要适当使用石灰,调节土壤 pH 值),施用有机肥(每亩施 2 000 千克)。

(2)柚园种植绿肥,以园养园,培肥土壤。

(3)深翻改土,逐年扩穴,增施有机肥。

(4)建立水利设施,做到能排能灌。

(5)及时中耕,疏松土壤,夏季进行树盘覆盖。

黏重土柚园:土壤含黏粒高、孔隙度小、透水透气性差,但保水保肥力强。除采取上述措施外,还应掺沙改土,混合沙性土含量高的肥土以改良土壤结构,同时注意挖掘深沟以利于排水,经常中耕松土。在增施有机肥时应尽量选择纤维成分高的作物秸秆、稻壳等。

砂质土柚园:有机质含量低、保水保肥能力极差。除采取以上措施外,还应掺入壤土、塘泥河泥或者牲畜粪便等以提高土壤肥力,同时应进行树盘覆盖以保水肥。

水田转化柚园:有机质及矿质养分含量高,但土壤排水性能差,空气含量少,有效土层浅,改土时应注意排水,深翻或者客土,通过作垄抬高栽植以增高耕作土层。

对成年果园主要采取及时足量施用有机肥,适当补充无机肥料和微量元素肥料。果园种植绿肥,绿肥花后翻埋,可以提高土壤有机质。

4. 平地建园如何改良土壤?

采用浅槽高垄的方法改良土壤。在抽槽前一个月深翻耕 1 次,将耕作层土壤晾干耙细,并用石硫合剂或波尔多液对土壤进行 1 次消毒。槽宽 100 厘米,深 50 厘米,以不破坏水田犁底层为宜。槽必须抽通,与排水沟相连。在抽槽的同时,要清理和疏通好排水沟,排水沟的深度不得小于 60 厘米。槽中每亩均匀填放腐熟的农家肥 1 000 千克,枯饼 100 千克,磷肥 100 千克。回填时全部用表层肥土回填起垄。回填的苗木定植带应形成一条高 50 厘米、宽 150～200 厘米的永久长垄,垄壁用锹夯实。为方便操作,在平地果园也可采取双行垄(垄宽须在 7 米左右),即一条垄可定植 2 行马家柚。

5. 坡地建园如何改良土壤?

坡地建园最好进行全园抽槽,无法抽槽时也须挖定植穴。灌溉条件好的坡地果园回填时也可适当起高垄,否则就以低垄为佳。坡地抽槽的时间、肥料的用量与水田相同。定植穴规格长、宽、高均为 0.8 米,每穴用肥量为农家肥、秸秆稻草等 25 千克、枯饼 2 千克、磷肥 1 千克,酸性土壤还可适量加一点生石灰。

6. 为什么要进行深翻改土及如何确定改土的最适时间?

柚树根系的水平分布通常为树冠的 2～4 倍,垂直根和水平根生长有相互制约关系,柚树定植后 3～5 年间,垂直根首先发育长粗而抑制水平根的生长,往往导致地上部徒长,延迟开花结果期。要早结果丰产,必须在幼年期有效抑制垂直根伸长,促使水平根网优先形成。因此,随着柚树的生长及其树冠的不断扩大,必须深翻土壤并拓宽原有栽培沟或穴,以适应根系活动范围的扩展。

柚园进行深翻改土时期以早春和采果后进行为宜,可逐年分期分批进行,全园用 2～3 年时间完成。深翻方法一般多用壕沟式和环状沟式。壕沟式采用较多,第一年在行间挖深、宽各为 60～80 厘米的壕沟,深度需达到 50～60 厘米,一般山地、黏土地应深些,沙地可浅些,次年或隔一年在株间挖壕沟,表土放在底层,心土放在表层。深翻时结合断根,开展根系修剪,但应注意少断粗根。同时还应与施基肥结合进行,并立即覆土灌水,以促进根系吸收。

7. 柚园如何进行覆盖和培土?

高温或干旱季节,提倡采用麦秆、稻草、树叶等材料进行覆盖。根据材料的多少选择全园覆盖或树盘覆盖,覆盖厚度 10～20 厘米,覆盖物应与根颈保持 10～20 厘米左右的距离。培土在冬季中耕松土后进行,可培入塘泥、河泥、沙土或柚园附近的肥沃土壤,厚度 8～10 厘米。

8. 柚园间作有什么要求?

柚园间作旨在减少土壤水土流失,改良土壤结构,增加土壤矿质营养。通常柚园间作物以绿肥为主,且以豆科植物和禾本科牧草为宜,如大豆、蚕豆、花生、一年生苜蓿、百喜草、紫云英等。幼年柑橘园进行间作有利于增加早期经济效益并可促进幼年树的生长发育。间作物一方面可在干旱前刈割覆盖树盘以保持土壤水分或在冬季覆盖于根茎周围以防寒保温,同时也可翻埋于土壤中;另一方面可在刈割后集中堆沤腐熟用作基肥,同时也可作为制作堆肥的材料。树冠下不间作绿肥,幼树留出1.0～1.5 米的树盘不种绿肥。柚园不得间作高秆及缠绕性植物。

9. 柚园生草栽培有哪些技术要求？

柚园生草栽培是在行间或树盘外种植草本植物的一种土壤管理方式。生草栽培能够有效改善果园生态环境、减少水土流失、缓冲果园的温度和湿度变化、增加土壤有机质含量和提高土壤肥力。在坡度 20°以上的陡坡果园，采用百喜草、三叶草等进行生草栽培，果园的土壤流失可减少 80% 以上。生草栽培通常分为自然生草栽培和人工种草栽培。

自然生草栽培是通过铲除果园内的深根、高秆和其他恶性草，选留自然生长的浅根、矮生、与马家柚无共生性病虫害的良性草，使其覆盖地表。

人工种草栽培是在果园播种适合当地土壤气候的草种，在不与柚树生长争水争肥的同时可抑止杂草的生长，并保持水土。理想的草种应具有适应性广、根系浅、矮生、能自行繁衍等特点，且最好在高温干旱季节能自然枯萎。一般可选用的草种有黑麦草、三叶草、紫花苜蓿、百喜草、薄荷、留兰香等。

10. 柚园中耕有哪些技术要求？

没有进行生草栽培的柚园可在早春或采果后进行中耕，每年 1～2 次，保持土壤疏松无杂草。中耕深度 8～20 厘米，山地果园宜深些，平地宜浅些，雨季不宜中耕。

11. 怎样使用草甘膦除草剂杀灭柚园杂草？

柚园常用的除草剂有十多种，其中草甘膦最适宜在柑橘园中使用，但药液在土壤中无残留，因而对未出土的杂草无效。其使用方法如下。

（1）喷药时间。杂草生长盛期或覆盖度达 80% 左右时使用。一般在 1 年生杂草高 10～15 厘米时喷药,多年生杂草高 30～40 厘米时喷药,灌木在落叶前 2 个月喷药。应选晴天中午或没有露水时喷施。

（2）施用量。对一般杂草,每亩地需用 10% 草甘膦水剂 0.5～1 千克,对宿根性杂草,则需 2～3 千克,然后加水 50～80 升稀释。加水后,宜再加 0.2% 洗衣粉做表面活性剂。

（3）药效作用时间。喷药后,药液在 24 小时内被转移至地下茎,1 年生杂草 1 周后枯死,多年生杂草 10 天后枯死。药效持续时间可达 30～40 天。

（4）喷药要求。喷头压低,不要喷到叶片和嫩枝上。喷药后 8 小时内下雨应在天晴后适当减少药量进行补喷。使用清水配药,避免使用污水配制导致药效降低。

（5）喷药次数。为保证果实安全卫生和果园生态可持续发展,一年中除草剂喷洒次数不要超过 2 次。

12. 柚树生长发育需要的营养元素有哪些?

柚树在生长发育过程中,需要 30 多种营养元素,其中 6 种大量元素——氮、磷、钾、钙、硫、镁,其含量为叶片干重的 0.2%～0.4%。常见的微量元素有硼、锌、锰、铁、铜、钼,其含量范围在 0.12～100 毫克/千克。尽管各种元素在树体内含量差异较大,但都是不可缺少的,在生理代谢功能上相互不可替代。某一元素缺少或者过量,都会引起柚树营养失调。

根据科学家研究,柑橘生产 1 000 千克果实,需消耗氮 1.1～1.18 千克、五氧化二磷 0.17～0.27 千克、氧化钾 1.7～ 2.61 千克、氧化钙 0.36～1.04 千克、氧化镁 0.17～1.19 千克。

柚子养分需求可以参照此数据。

13. 柚树的肥料有哪些种类？各有什么特点？

肥料主要包括有机肥、无机肥、有机复合肥、微生物肥料、叶面肥等。

有机肥料包括堆肥、厩肥、沤肥、沼气肥、饼肥、作物秸秆等。人畜粪尿等需经 50℃ 以上高温发酵 7 天以上。有机肥料养分丰富全面但含量较低，肥效迟而长，对于改良土壤性状、增加土壤肥力效果较好。

微生物肥料包括根瘤菌、固氮菌、磷细菌、钾细菌、硅酸盐细菌、复合菌、放线菌等肥料，微生物肥料中有效活菌的数量必须符合国家农业部发布的微生物肥料质量标准，并不含有害杂菌。微生物肥料的肥效来自其微生物的生命活动和生成的物质，不同于其他肥料以提供氮、磷、钾等元素为目的，受温度、水分、土壤酸碱度等影响较大。微生物肥料可提高化肥的利用率，从而减少化肥使用量，同时可改善土壤物理环境，提高作物品质。

有机复合肥即生物有机肥复合肥，是有机肥料与无机肥料的混合产物，对于改良土壤理化性质，增强保水、保肥性能，提高持续供肥能力改进作物品质，促进增产等具有良好作用。

无机（矿质）肥料包括复合肥、矿物钾肥、硫酸钾、矿物磷肥（磷矿粉）、钙镁磷肥、石灰石、骨粉（粉状磷肥）等。无机肥主要具有成分较为单纯、养分含量高、肥效快等特点。

叶面肥包括微量元素肥料、海洋生物提取物、腐殖酸、黄植酸、氨基酸、喷施宝等。选用的叶面肥品牌应为经农业部登记注册允许使用的。叶面肥可迅速补充树体营养，解决缺素问题，同时肥效发挥较充分，对土壤的污染也较小。

柚园中应注重施用有机肥,限制化学肥料用量。有机氮肥与无机氮肥之比以 1：1 为宜,约 1 000 千克厩肥加入尿素 20 千克,采果前 30 天严禁使用化肥。

慎用城市垃圾肥料,城市垃圾使用前必须清除金属、橡胶、塑料、砖瓦、石块等杂物,并不含重金属和有害毒物,经无害化处理达到国家标准后方可使用。

14. 幼年柚树怎样施肥?

幼年树,树体小,根系弱,除了秋季施用基肥外,生长期内宜多次施追肥,促发春、夏、秋 3 次梢,促使幼树迅速生长,增加分枝级数,加速形成一定体积的树冠,达到早期结果、早期丰产的目的。3 月上旬施春肥,4~7 月,选择下小雨前的时间,每月追肥 1 次,全年施肥 7~8 次,施肥应薄肥勤施。1 年生树每次用尿素和复合肥各 50 克,2 年生每次用尿素和复合肥各 100 克,3 年的树应增加磷、钾肥的施用。8 月底后不施肥,以避免抽发晚秋梢,结果树也类似。

15. 结果柚树怎样施肥?

(1)催芽肥。萌芽前 10~15 日即 3 月上旬施入。施肥量占全年追肥量的 10% 左右,以速效氮肥为主。这次施肥目的在于促进春梢生长和有叶结果枝的形成。通常对前一年结果量过大或重回缩更新树冠的柚树施用春肥,正常结果的柚树则不需要,否则会因大量施用春肥而导致柚树树势过旺,影响开花结果。

(2)稳果肥。谢花后 10 天左右,即在 5 月下旬—6 月上旬施入。以无机肥料和微量元素肥(硼肥)为主,施肥量占全年施肥量的 10%,旨在为果实发育提供充足养分。初结和少结旺长树,宜少施或者不施。可根施,也可结合保花保果采用叶面施肥的方式进行,肥料可适度增加微量元素。建议与同阶段的病虫防治同步进行,以减少农民劳务支出。

(3)壮果促梢肥。第二次生理落果结束后,即6月下旬—7月上旬施入,是柚生产中比较重要的1次肥,可改善和提升果实品质及秋梢质量。肥料以复合肥、枯饼为主,施肥量占全年追肥量的30%左右。注意提高磷钾肥的施用比例。

(4)采果肥。一般在采果后10天内施入。施肥量占全年追肥量的50%,肥料品种以腐熟的有机肥为主,有利于恢复树势,增加树体养分积累,促进花芽分化和增强抗寒能力。

16. 柚园施肥有哪几种方法?

柚园施肥方法有土壤施肥、灌溉施肥和根外追肥,以土壤施肥为主,根外追肥为辅。

土壤施肥的位置应在树冠滴水线外围。生长期内通常施用速效肥,可采用撒施结合中耕施肥。采果肥和基肥应当采用沟施的方法,施肥沟深度以20~40厘米左右为宜。沟施方式包括环状沟施和条状沟施。

(1)环状沟施法:滴水线外延挖环沟,宽20厘米,深15~20厘米,此法伤根多,吸肥面广。宜在施用壮果促梢肥时采用。

(2)条状沟施法:滴水线外围,轮换在株间和行间开挖条状沟,沟宽20厘米,深20~30厘米,此法宜在施用基肥时采用。

灌溉施肥是将肥料溶于灌溉水中,然后通过灌溉系统进行施肥。灌溉施肥有利于减少施肥劳动力成本,提高肥料利用率。

根外追肥也称叶面施肥,通过叶片快速吸收养分以缓解树体对某种营养元素的缺乏。但根外追肥仅能作为土壤施肥的必要补充而不可替代。叶面喷布的氮肥以尿素最好,磷肥以磷铵的效果最好,钾肥以磷酸二氢钾最好。

17. 根外追肥怎样进行?

柚树的叶、枝、果都有不同程度的吸收能力。叶面喷肥后15 分钟到 2 个小时即可被吸收。根外施肥方法简单,用肥量少,肥料利用率高,养分吸收快,可促进生长,提高坐果率,改善品质和缺素症。其施用方法如下。

(1)根外施肥时间。叶片吸收肥液的量和温湿度有关。新梢叶片初展开时,蜡质尚未形成,此时养分易被吸收。老叶施肥时,宜添加黏着剂,以增加肥料在叶片上的附着力。施肥时间选择宜选在阴天,或者晴天上午 10 点钟以前和下午 4 点钟以后,温度高时可适当降低浓度。叶面肥可与酸性农药、植物生长调节剂混合喷施,采果前 20 天不宜根外追肥。

(2)施肥量。尿素 0.3%～0.6%,复合肥 0.2%～0.4%,磷酸二氢钾 0.3%～0.6%、硫酸锌 0.1%～0.2%、硫酸镁0.1%～0.2%,硼砂或硼酸 0.1%～0.2%。

(3)柑橘根外追肥可以全年进行,以花期和新梢生长期吸收较快。喷布时若出现尿素中毒现象,应停止喷布 2～4 个月。

18. 为什么会出现微量元素缺乏?

柚树根系发达、分布深广,一经定植,即长期固定在一个位置上,根系不断地从根域土壤中有选择地吸收某些营养元素,需要土壤供应养分的强度和容量大,一旦供应不平衡,容易造成某些营养元素的亏缺。柚树对多种元素的亏缺和过量比较敏感,所以缺素症的出现较为普遍,尤其是新发展的果园多种植在瘠薄的土壤上,因此,必须根据果园土壤营养特点,施用富含多种营养元素的肥料,以保证果树营养的生理平衡。或者是深翻土壤,结合改土措施,以使土壤土层深厚、质地疏松、酸碱度适宜、通气良好。

19. 有机肥料为什么要经过腐熟处理?

(1)有机肥料中,畜、禽粪便常常带有各种病原菌、病毒、寄生虫卵,杂草也是各种病虫害的传染体。腐熟发酵过程中能使病菌、病虫卵失活,以减少对植物及人体的病虫危害。

(2)未经腐熟的有机肥料所含的养分多为有机态,需经过发酵后变成无机化学元素或化合物才能被根系吸收利用。而发酵过程中会产生大量的热,容易灼伤根系,严重时会导致果树死亡。同时,发酵过程中还将释放氨气,会损伤毛细根,造成吸收困难,使植株生长不良。

20. 有机肥料堆腐怎样处理?

厩肥也叫圈肥、栏肥。厩肥堆腐方法(疏松堆腐法)如下:从畜舍内取出厩肥,运至堆肥场地,层层堆积,不压紧,每堆一层浇淋适量的人粪尿水,或少量氮素化肥,并加入钙镁磷肥(以减少氮的损失和提高磷肥效果),堆成宽度 2～3 米,长度不限,高达 1.5～2 米的肥堆,然后将表面四周用泥浆糊或用塑料膜密封。由于疏松堆制,通气良好,有利于促使分解纤维的好气微生物活动旺盛,2～5 天内温度可高达 50～70℃,可杀死病菌、虫卵、草种等,一般 2～3 个月就可腐熟。

堆肥腐熟的标准是:看不出堆积原物的形状,堆肥材料达到黑而无臭的程度。

厩肥堆腐需注意事项:粪(主要为人粪尿)、酿热物(主要为秸秆)和吸附物(主要为干肥土、河塘泥等)3 种堆肥原料的比例为 5∶3∶2,封堆后要注意温度的管理,适时局部开封降温或者加淋冷水,防止氮素大量损失。

21. 怎样利用沼液、沼渣肥培植柚树?

猪粪、秸秆等物质经厌氧发酵后产生沼气,发酵残留物沼液和沼渣统称沼气肥。经过发酵处理的沼气肥是一种优质有机肥。

(1)沼渣施用方法。主要作基肥或追肥,在柚园土壤中深施,一般结合催芽肥、稳果肥、壮果促梢肥、基肥施入;或者将沼渣与磷矿粉或过磷酸钙混合,沤制成沼腐磷肥:100 千克沼渣与10 千克磷矿粉或过磷酸钙拌合均匀,外糊一层稀泥,堆放 50～60 天,打开肥料堆后,再加入 10 千克碳酸氢铵即可。

(2)沼液的施用方法。沼液主要作为根外追肥,进行叶面喷洒。施用时需进行稀释,100 升沼液对水 100 千克,喷施。

22. 柚园灌溉有什么要求?

柚树在春梢萌动及开花期(3—5 月)和果实膨大期(7—10月)对水分敏感,当田间持水量低于 60％就要及时进行灌溉。春旱花期和幼果期每 10 天灌水 1 次,伏旱 7～10 天灌水 1 次,秋旱及时灌水,冬旱半月至 1 个月灌水 1 次,10 月以后应控水,以利于增加果实风味,提高品质。灌溉水应为无污染水,灌溉时应保证水分浸透根系分布的土层。灌溉后进行地面覆盖,以减少水分蒸发和灌水次数,节约用水。

23. 柚园灌溉有哪几种方法?

柚园灌溉方式可以分为普通灌溉和节水灌溉两大类。普通灌溉又可以分为沟灌、漫灌、简易管网灌溉和浇灌等方式。节水灌溉又可以分为滴灌、微喷和地下渗灌等。普通灌溉的建设成本较低,但灌溉效果较差。节水灌溉建设成本较高,需要专人维护,但水利用率高。可结合蓄水灌水进行自流微喷灌溉,水肥一体化是现代灌溉的发展方向,可节省人工和肥料用量。

24. 怎样防止柚树干旱?

防止柚树干旱可采取以下措施。

(1)深翻扩穴,结合压埋有机肥以提高土壤保水保肥能力。

(2)干旱来临前进行雨后中耕,深度为 10 厘米左右。

(3)干旱前在树盘覆盖杂草、稻草、秸秆等植物材料。

(4)刷白树干和客土增厚土层。

(5)修建蓄水池和沉沙函。

(6)施用保水剂。

25. 柚树干旱有哪几种表现形式及怎样观测?

(1)干旱的表现形式。

①土壤干旱。较长时间内无雨或者少雨,无水源灌溉,导致土壤缺水,植物吸收水分不足,影响其正常生长代谢,引起旱害。

②大气干旱。空气干燥,加之高温、风吹,导致土壤水分蒸发,植物蒸腾作用加剧,水分平衡失调,引起叶、梢因失水而出现卷曲枯萎。

③生理干旱。低温或水涝造成水分平衡失调现象。土温低时,根系活动弱,水分的吸收受到限制。水涝时,土壤中氧气严重不足,致使根系大量死亡,植株蒸腾耗水得不到补充,从而导致植物干旱。

（2）干旱观测方法。

①观察叶片。中午卷缩,早晚平展,开始发黄,甚至出现少数落叶现象。

②查看树基。树盘土壤十分干燥,且开始发生细微裂缝。滴水线下的耕作层土壤手捏不能成团。

26. 怎样利用抗旱剂防止柚园干旱?

抗旱剂种类较多,大致可分为 2 种类型。一种类型是高分子液态物质,将其喷布果树树冠,在枝叶上形成一层薄膜,防止水分蒸发;另一种类型是高吸水树脂,将其与根系土壤混施于树盘沟中,遇水吸收膨胀,保存水分,土壤缺水时干缩释水,有利于柑橘根系生长。

抗旱剂的使用方法如下。

（1）树冠喷布的抗旱剂。

①FA"绿野",又称抗旱剂 1 号,加水喷布浓度为 0.5%～1.5%。

②抑蒸保湿剂,如水喷布浓度为1%～2%,有效期为20天。

③高膜脂,也是一种抑蒸保湿剂,如水喷布浓度为 200 倍液,有效期为 15～20 天。

④"旱地龙"液剂,加水喷布浓度为 400～500 倍液。

（2）根际施入的抗旱剂。

①"科翰98"高吸水树脂,又称高效抗旱保水剂。幼龄橘树每株施入 20～30 克,成年橘树每株施入 30～50 克。在树冠滴水缘下,开挖30厘米深的环形沟,施入抗旱剂,施后浇足水,再覆土将沟填平。

②吸湿剂,具有优异保水性能,其吸附水分性能可超过吸湿

剂自重的 1 000 倍。幼龄树每株施入 20～30 克,成年树每株施入 40～50 克。

③北京汉力葆,加水稀释 200 倍,施入沟内,再行覆土。

④树脂保水剂,每株施入 50～100 克,施后拌匀覆土和覆草。

27. 遭受旱害后的柚树如何进行护理?

旱害后的护理措施如下。

(1)及时灌水,灌水量逐次增加。

(2)增施肥料。每隔 7～10 天,叶面喷施 0.3% 尿素＋0.2% 磷酸二氢钾溶液 1～2 次。

(3)喷布植物生长调节剂。可使用 2,4－D 药剂 10～15 毫克/升溶液,喷布树冠,防叶片脱落。

(4)合理修剪枝叶。受害轻的轻剪,受害重的树,应适度回缩 2～3 年生枝,促树冠内膛多发枝梢。

(5)及时主干刷白,减少辐射,保护树体。

(6)及时处理干枯枝,防止真菌病害侵害主枝,对枝梢干枯死亡超过 1/2 的植株,应结合施肥,适度断根。

(7)若旱情严重,秋花会明显增多,要尽早抹除秋花,减少养分消耗。

(8)冬季清园,干旱后树体易受病虫害侵害,应结合修剪整形,清除地面杂草,覆盖树盘。

28. 如何防止柚树涝害?

防止涝害的措施如下。

(1)建设好排灌系统。

山地果园按"一带三沟"的标准建设。三沟是拦洪沟、背沟、排水沟。平地果园按深沟高畦整地,视地形情况挖深 60～80 厘米的排水沟。

(2)及时排除积水。

(3)抗涝栽培,深翻改土,诱扎深根,适当提高树体主干高度。

29. 柚树遭受涝害后应如何护理才能恢复树势?

柚树涝害后的护理措施。

(1)及时排除积水、清沟。

(2)中耕松土。淹水后土壤板结,植株缺氧,应立即进行全园松土,促进新根萌生。

(3)扒土凉根。扒开土壤,使水分尽快蒸发,让部分根系接触空气,根据天气情况,1～3 天后再重新覆土,防止根系暴晒受伤。

(4)追肥促根。涝害后,根系受损,吸肥能力减弱,应结合防治病虫害进行根外追肥。

(5)修剪枯枝。排除积水后,用喷雾器向树冠喷水,洗去枝、叶上的污泥和尘灰,同时剪去枯枝,短截或回缩弱枝,促抽生新梢。

(6)保护树体。对倾倒的树体及早扶正,对裸露的根系应及早培土覆盖。

30. 台风对柚树产生哪些不利影响?

台风对柚树的危害包括:叶片、枝条折断;主枝、主干折裂,树体倒伏;台风伴随的暴雨使柚园遭受水害,引起落果、大小枝梢枯死;柚园水土流失导致根系生理机能下降,甚至植株窒息,根系死亡腐烂等。另外,台风还可能诱发溃疡病、树脂病、炭疽病及果实碰伤等。

第五部分 马家柚树形管理

1. 柚树修剪的基本原则是什么？

（1）柚树修剪的目标是：培养方便管理、通风透光的丰产树形（树冠高度、冠幅控制在 3 米以内，骨干枝角度开张 25 度左右）。合理调配结果和营养枝梢，有效防治病虫为害。

（2）柚树修剪的原则：依据树体生长阶段而有所不同。幼树去弱留强，多截少疏，多摘心；而成年盛果期结果树则适当去强枝，留弱枝（原理是柚树结果母枝多为内膛弱枝和光杆枝，强枝结果能力差）；多疏剪，少短截（原理是短截容易引发柚树旺长，影响柚的花芽分化）；外围重，内膛轻；头上重，中间轻。衰老期则以截为主，注重枝组更新。

2. 柚树修剪的基本方法是什么？

柚树修剪的基本方法有 7 种。

（1）疏剪。从一二年生枝或一个枝序的基部剪除称为疏剪。作用在于协调各枝间的生长势，增强树冠的通风透光，促进枝梢生长。

（2）短截。剪去一二年生枝的一段，保留后段称短截。有更新枝梢、调节花量、平衡树势的作用。

（3）回缩。剪去多年生枝的一部分叫回缩，其作用是更新衰老枝序，改善树冠上下层间及内部的光照条件，促进内膛枝抽生。

（4）摘心。在新梢停止生长前，摘除顶端一小段梢称摘心。其方法与短截相似，但作用不全相同。摘心可控制枝梢延长生长，使枝梢生长充实。

（5）抹芽或抹梢。将嫩芽或嫩梢的基部抹除叫抹芽或抹梢。

（6）拉枝或撑枝。用人工的办法拉或撑开枝与枝之间的距离，开张角度。

（7）环割。将主枝、主干的韧皮部用小刀割断，深达木质部，但不刻伤木质部称环割。其作用是阻止叶片制造的有机养分向下运输，增加环割部位以上枝、叶养分的积累。

3. 如何确定柚树整形修剪最佳时期？

柚子整形修剪可以在冬、春两季进行，冬季修剪伤口易受冻害影响，最适宜在立春后树体萌芽前进行。夏季修剪主要是抹芽、控梢，宜与疏果同时进行。秋季修剪主要是修剪枯枝、病枝，一般霜降前后进行，入冬前停止。

4. 刚定植柚树如何整形修剪？

马家柚定植后第一二年的主要任务是定干、扩大树冠，培育骨干枝，培养（开张、透光）树形。干高最好为 50～60 厘米左右，每株树最好保留 3～5 枝主枝，成均匀分布，即形成一个适度干高、主枝配置合理，副主枝及侧枝分布均匀的自然圆头型树冠或透光开张型树形。另外，在生长季适时将主枝、副主枝的延长枝短截 1/3～1/2，促使抽发强壮的新梢，以利迅速扩大树冠。具体方法如下即：春、秋梢生长到 10～15 厘米时，留 8 片叶摘心；对生长过旺的夏梢，在 20 厘米左右摘心，避免形成"钓鱼杆"；及时采用拉、撑的办法，拉开枝与枝之间的距离。幼树在每年早春发芽

前,可适当疏剪过密的、纤弱的、有枝无叶的枝条。顶端丛生的按
"三抽一、五抽二"的原则疏剪,保留中下部枝及主侧枝基部的
裙枝。

5. 初结果柚树如何修剪?

初结果树修剪方法如下。

(1)抹芽放梢:抹夏梢,适时放出早秋梢。

(2)继续对延长枝短截。

(3)继续对秋梢摘心。

(4)短截结果枝与落花落果枝。

(5)疏剪郁闭枝。

(6)抽生较多夏、秋梢营养枝时,可采用"三三制"处理:短截
1/3 长势较强的,疏去 1/3 衰弱的,保留 1/3 长势中庸的。

(7)对旺长树采用环割、断根、控水等促花措施。

6. 大年柚树如何修剪?

大年修剪宜稍重,在春季萌芽以前疏剪郁闭大枝,疏去部分
弱的结果母枝(10 厘米以下、无叶或少叶母枝)、密生枝、交叉枝,
保留健壮的成花母枝(10~15 厘米)。疏去无叶花序枝和部分无
叶单花枝,促发营养枝。回缩衰退结果枝组及夏秋梢结果母枝,
进行枝组轮换回缩。具体修剪方法如下。

(1)疏剪密弱枝、交叉枝、病虫枝。

(2)回缩衰退枝组和落花落果枝组。

(3)疏剪树冠上部、中部郁闭大枝,改善光照。

(4)短截秋梢母枝,采用"疏弱、短强、留中"的措施,以减少花
量,促抽营养枝。

（5）7月短截部分结果枝组,落花落果枝组,促抽秋梢,增加小年结果母枝。

（6）第二次生理落果结束后分期进行疏果。

（7）坐果略多的大年树,花芽分化期进行环割促花,以增加小年的产量,但营养不足的树,不宜环割。

（8）结合秋季施肥进行断根、控水等促使花芽分化。

7. 小年柚树如何修剪？

小年修剪应尽量保留强壮枝梢,使其多结果,春季待萌芽现蕾后,视花量多少修剪,对少花树尽量保留花朵,开花结果后夏季疏去没有开花、着果的衰退枝群,疏去部分春梢营养枝,使营养枝与结果枝保持6:4的数量比。7月抹去全部夏梢,适时放秋梢。采果后,回缩衰退枝组,内膛疏掉交叉、密、弱枝。具体修剪方法如下。

（1）尽量保留成花母枝。

（2）短截疏剪树冠外围的衰弱枝组和结果后的夏、秋梢结果母枝,注意剪口选留饱满芽,更新枝群。

（3）开花前进行复剪,花后进行夏季修剪,疏去未开花坐果的衰弱枝群。

（4）抹除夏梢,减少生理落果。

（5）采果后冬季重回缩、疏剪交叉枝和衰退枝组,对树冠内膛枝适当短截复壮。

8. 稳产柚树如何修剪？

实行强枝短截或回缩,一般长梢只留5个芽,疏剪过密枝、交叉枝、衰退枝群、无叶花序枝,保留内膛枝(除过密枝和无叶枝外），对部分夏、秋梢进行短截和疏剪，保持营养枝与结果枝的比例平衡，延长结果年限。徒长枝一律疏除。

9. 衰老树如何更新？

对部分枝组还能结果的衰老树，采取轮换更新，在树冠高处分枝级数较高的部位，先对部分衰退的三四年生侧枝进行短截，保留分枝点下方年幼枝梢，并对部分过密过弱的侧枝进行疏删，在 2～3 年内有计划地轮换更新全部树冠。这种方法在更新期内仍保持一定产量，并不遭受日灼，更新完毕后，就能迅速提高产量。对衰退比较严重的柚树实行"一开、二疏、三回缩"整形策略，即开天窗，打开光路促使内膛隐芽见光萌发，形成新的结果枝梢；疏掉密生枝、交叉枝、病虫枝、重叠枝；疏掉不符合整形要求的主枝、侧枝，但应保留少部分有叶枝，对保留的侧枝和小枝都进行短截；对衰老骨干枝有计划地回缩更新，以尽早恢复树冠。

10. 如何确定高接换种的最佳时期？

春、秋二季均可进行高接换种，春季在 3～4 月，秋季在 8 月下旬至 9 月上旬为宜。

11. 高接换种的技术要求有哪些？

高接换种的技术要求如下。

（1）选好对象。高接换种树必须选择树势健壮、主干完好，处于丰产期、盛果期的树，对已明显衰老的树或主干遭受病虫危害严重的树，不宜作为高接对象。

（2）合理清砧。嫁接前，要根据树冠大小、枝叶多少进行清砧,剪除直立的骨干枝、交叉枝和重叠枝及分枝部位过低的主枝（30厘米以下）,形成合理的树体骨架,有利于高接时接芽的合理分布和便于嫁接操作。

（3）低位少芽腹接法:嫁接部位应尽量降低,根据树体大小以50～150厘米范围内的主枝和一级侧枝为宜,主干过高的应在离地40厘米左右补接主技。嫁接点之间应相距30厘米以上,错开方位嫁接。树冠在1米以内,一般接活3～5个芽;树冠在1～2米,接活10～15个芽;树冠在2～4米,接活15～30个芽。

12.柚树高接后如何管理?

柚树高接后的管理有7项技术要求。

（1）剪砧及伤口保护。待嫁接后20天左右检查是否成活,若嫁接成活则需及时挑膜,并分2次锯砧,第1次锯砧留20～30厘米的砧桩,防止剪口发生日灼和流胶,待接芽生长达到一定粗度时（能抗倒伏为宜）再锯去砧桩,锯砧口成45°角。剪（锯）砧时在树冠中下部留20％的辅养枝养根,在接芽抽发二次梢时再剪掉。对于剪口过大的桩口应将其表面削光滑,然后用凡士林或桐油＋500倍多菌灵液＋50毫克/千克赤霉素的混合剂涂抹。

（2）抹芽控梢。接芽只保留一个健壮的梢,其余的应尽早抹去,二三次梢也只能保留2～3个壮梢,春梢留8～10片叶、夏梢留10～12片叶摘心,及时抹去砧木上的萌芽,确保接芽抽梢健壮。

（3）设立支柱和涂白。待新梢抽出30～40厘米时应对树体主要骨干枝延长头架设支柱进行保护。为防止日灼,应在4～5

月开始对主要枝干进行涂白(生石灰 6 千克＋食盐 1 千克＋豆浆 0.25 千克＋水 18 千克)。

(4)肥水管理。高接换种树必须加强肥水管理,才能恢复树势。第一年施肥以速效氮肥为主,勤施薄施,分别在春、夏、秋梢抽发前和抽发后各施 1 次促梢肥和壮果肥,每株每次施肥量为平常的 1/2。同时注意及时灌溉。第二年的肥水管理与柚树初结果树相同。

(5)病虫防治。高接换种的树,大量抽发新梢,除防治螨类、蚧类外,要特别注意防治橘蚜、凤蝶、恶性叶甲和潜叶蛾等食叶害虫。

(6)适时挂果。进入盛果期多年和基砧为枳砧的高接树,一般第二年尽量少挂果或不挂果,第三年挂果投产。初结果和基砧为红橘的高接换种树,有推迟挂果现象,若剪砧当年恢复树势,可采取拉枝、扭梢、环割、喷施促花剂和断根等措施促花,控制旺长,提早结果。

(7)地下改造。对于基砧为枳壳的树,应提早半年以上进行土壤改良,重施有机肥。同时,在高接换种后 2～3 年内,分期对果园土壤进行改造,进行根系更新。对基砧为红橘的树体,可在土层 40 厘米处将较大的主根及侧根剪断,促进侧根及须根的生长,达到控制直立旺长、促进结果和提高品质的目的。

第六部分　马家柚花果管理

1. 怎样促进柚树花芽分化？

柚树花芽分化分为 3 个阶段，分化时间较长。第一阶段为生理分化时期，在 9 月上旬至 10 月下旬。第二阶段为形态分化时期，在 10 月下旬至 2 月中下旬。第三阶段为性细胞形成时期，在 3 月份至 4 月中旬。花芽分化是柚树开花结果的先决条件，是决定柚树产量的基础。分化期采取促花措施是提高花质和花量的关键。措施如下。

(1) 施肥壮梢，控水抑梢。7 月中下旬，重施壮果促梢肥，在干旱时则结合灌溉进行，促发健壮秋梢，作为次年良好结果母枝。8 月中旬至 10 月秋梢停止生长后，适当控水抑梢，促进花芽分化。

(2) 通过疏剪大枝，缓和树势，开张角度，削弱顶端优势。

(3) 改变枝梢生长方向，抑制营养生长。9—10 月份为花芽生理分化期，对 1～2 年生直立枝、旺长枝，通过环缢、环割、环剥、扭梢和圈枝等手段，使树体积累更多营养，促进花芽分化。

(4) 应用生长调节剂。花芽生理分化临界期，即 8 月份，喷布多效唑 1 000 毫克/升，同时在 10—11 月份，喷布促花剂 1～2次，间隔 15～20 天，可使来年花量多、花质好。

2. 柚树开花期为什么不宜灌水？

马家柚多在 4 月中下旬开花，此时气温和土温回升较快。

若在花期灌水,会导致以下现象。

(1)土温下降,影响根系吸收营养元素。此时树体处于长新梢、长新叶和开花等各项生命活动旺盛时期,根系吸收营养减弱,易加剧第一次生理落果。

(2)增加根部水的黏滞性,降低根的透气性。

(3)促使春梢生长旺盛,营养生长与生殖生长争夺水分,梢果矛盾突出,易使柚树落花落果。

(4)柚树根系是菌根,花期对外界变化十分敏感。花期滞水,不利于土壤好气性微生物活动,降低根系吸收能力。

3. 柚树采用环割进行促花和保果有哪些技术要求?

环割、环剥、环缢等措施,均能缓和柚树树势,使上部枝叶光合作用所制造的有机养分暂时输送不下去,养分能较为集中地分配。秋季进行环割处理,有利于促进花芽分化,夏季处理有利于提高坐果率。但环剥、环缢作用太烈,容易发生副作用。秋季促花宜在柚树生理分化期,即 8 月中旬至 10 月中旬。夏季保果宜在盛花期至谢花期,即 4 月下旬至 5 月上旬进行。环割促花主要用于幼树或适龄不开花的壮树,也可用于徒长性枝条,环割时需采用利刀,选择柚树主枝或副主枝基部 5 厘米左右处,环割1~2 圈或 2 个半圈,环距为 3~5 厘米。一般环割量为 50%~70%为度。只切断皮层,不伤木质部。在第 1 次环割后 20~25天,可再环割一次,在环割树进入正常结果后就不再进行环割。未完全掌握环割方法的慎用此技术。

4. 柚树保花保果宜选择哪些营养型保果剂和叶面肥?

可用于柚树的保果剂和叶面肥。

(1)兴丰宝。日本产品。4月下旬到5月初,每7天喷布1次,浓度为1.5%,即10~15毫克/升。

(2)高美施。美国产品。柚树幼果期和壮果期,各对树冠喷布1次,使用浓度为500~600倍液。

(3)碧全植物健生素。台湾产品。柚树开花即4月份,喷布600倍液;生理落果期,即5月底至6月中旬,喷布500倍液;果实膨大期,即8~9月份,喷布500倍液。

(4)丰果乐。由浙江农业大学研制而成。柚树花蕾期、6月份落果期和果实膨大期,各喷布1次,浓度为300倍液。

(5)喷施宝。分别于花蕾初期、坐果期、膨大期、收果前30天左右各喷施1次,浓度为600倍液。

(6)夏季保果常用的920使用浓度为10~30毫克/千克,2,4-D使用浓度为10毫克/千克。

5.“保叶就是保果”的说法有科学道理吗?

这种说法是有科学道理的。柚树是常绿果树,叶片对其生长发育具有重要作用。第一,叶片能通过光合作用制造有机养分,柚树等植物90%左右的干物质由叶片合成。第二,叶片是贮藏养分的主要器官,叶片合成的碳水化合物有40%贮藏在叶内。第三,叶片还执行蒸腾、呼吸和吸收等多种生理功能,是保持树体正常生长结果的重要器官。柚树虽为常绿树种,但其叶片的寿命只有18~24个月,最多为3年。正常衰老脱落的叶片,脱落前老叶中,贮藏的氮素有50%~60%流回到基枝里,过早脱落或异常落叶,则几乎没有叶内营养回流,降低光合效能。因此,保叶就是保果是有科学道理的。但也要注意树体不能郁闭,至少每片叶能受到阳光的照射。

6. 营养保果有哪些技术措施？

营养保果可采用以下措施。

(1)平衡施肥,以满足马家柚营养生长与生殖生长的需要,做到因园制宜,因树制宜。

(2)加强有机肥的施用,改善土壤环境。

(3)叶面喷肥保果,通过改善叶片的营养达到以叶保果的目的。如 5-7 月喷 0.3%尿素＋0.2%的磷酸二氢钾＋0.1%微肥。

(4)合理修剪,保证营养生长与生殖生长的平衡。

7. 控梢保果有哪些技术措施？

对已形成树冠的初结果树抹除部分春梢营养枝、控制徒长枝,调整夏梢数量与长势;对少花树疏除部分春梢营养枝,以调节梢果矛盾,达到保果效果。稳产树要合理疏除和选留夏梢。

8. 小年树保花保果怎样进行？

大小年结果现象是由于管理不当或遇到自然灾害所致。可通过采取措施,控制合理挂果量和枝梢生长量,使果树稳产。技术措施如下。

(1)抹芽控梢,缓和抽梢与结果的矛盾。为了保花保果,应按"三除一、五除二"的原则,疏除部分春梢,并及时对过长的春梢进行摘心。在 5 月下旬至 7 月上旬,5～7 天抹芽 1 次,人为地抹去全部夏梢,防止新梢旺长,冲落果实。

(2)花期、幼果期采取环缢或环割措施,为幼果生长积累较多养分。

（3）叶面喷布植物生长调节剂和矿物质。一般花谢 2/3 和第二次生理落果即 5 月下旬喷布 0.3% 尿素＋0.2% 磷酸二氢钾＋0.1% 硼酸＋甲基托布津 1 000 倍液＋敌百虫 800 倍液的混合液,具有补充激素、根外追肥、防疮痂病和防治害虫等多种作用,可以保花保果。由于马家柚具有花序结果的特性,小年保花保果的同时,也要注意疏果,每花序坐果数不能超过 2 个。

9. 大年柚树疏果有哪些技术要点？

大年树通过春、夏修剪增加营养枝,减少结果枝,控制花量,使树体适量挂果,同时抽生一定量秋梢,为来年挂果提供足够量结果母枝。

（1）人工疏果。一般以叶果比作为标准而进行,柚子为 200～300：1。疏果根据枝梢生长情况、叶片多少而定,马家柚在同一生长点上挂 1～2 个果。有多个果时,保留 2 个果,留果过多,不利于果实发育和果实外观。

（2）化学疏果。幼果第 1 次生理落果期间,即盛花后 30 天,喷布吲熟脂 100～200 毫克/升,或乙烯利 200～250 毫克/升。但化学疏果药剂较难掌握浓度,会造成疏果过量。

（3）疏果时期。第二次生理落果结束后至采收前一个月均可进行疏果,可分多次进行,一般第一次疏果量最大。第一次疏果通过疏除小果、连理果、病虫果后,树上结果量不能超过预期产量的 120%;第二、第三次疏果是第一次疏果的补充,主要对象是后期生长过程中产生的伤果、畸形果、病虫果,及时发现,及时疏除。

10. 提高柚子果实感官质量的措施有哪些？

柚子果实感官质量主要包括果形、大小、色泽、果面缺陷等方面。提高果实感官质量的措施主要有以下几点。

（1）适当疏花疏果，保持合适的叶果比。柚树第二次生理落果结束后，疏除畸形果、小果、病虫果和过密果。

（2）果实套袋和及时摘袋，地面覆反光膜增光着色，防止病虫害、药害、日灼、风害等损害果面。

（3）控制过量施用氮肥，合理施用有机肥。增施有机肥和合理施用复合肥，平衡树体营养，改善内质，增糖降酸。

（4）重视修剪，使树冠通风透光，果实着色均匀。

（5）适时灌水与控水。干旱季节及时适量灌水，柚树进入转色成熟期后适度控制果园水分，如地面或树冠覆膜，有利于果实干物质积累，提高糖度和风味。

（6）控制果园树体密度和树体光照通透度。

11. 怎样减少柚树畸形果？

减少柚树畸形果的具体方法如下。

（1）初结果树注意选留中下部弱枝作为结果母枝，对旺长枝条进行环割、拉枝，采用摘心、抹芽等方法控制夏梢，培养春秋二次梢，以提高有叶花枝比例。

（2）疏除树冠过多的花、畸形花、开得较早的零星花。

（3）开花前喷施 0.2％硼肥和 0.5％磷钾肥。

（4）花期人工授粉或者放蜂，提高花芽受精质量。

（5）第二次生理落果结束后疏除畸形果和小果。

（6）花芽分化期增施磷钾肥，叶面喷施硼肥，适量控水，促进花芽分化，提高正常花比例。

12. 柚果套袋有哪些优点及技术要点？

柚果套袋优点：果实套袋能改善果实色泽和光洁度，可防止果面划痕、药斑、病虫斑,提高果实外观质量,增加商品率,也可使果皮变薄、单果重增加,同时减少农药残留,减轻裂果,避免日灼。

技术要点:套袋前,应对全园进行喷药,如使用 70％甲基托布津 500 倍＋螨克全面喷药 1～2 次。喷药后选生长正常、健壮的果实进行套袋。果袋应选择透气性好、吸湿性差外黄色内黑色的双层纸袋,套袋时间一般在 7 月上中旬,最迟不能超过 8 月中旬。套袋时按先内膛后外围、先上部后下部的顺序套袋,注意不要将叶片套入袋内。袋要下垂,袋口在果柄外捆紧,以雨水不能渗入为宜。一般在柚树果实采收前 15 天左右摘除果袋。光照不良的柚树园,可在采收前 20 天左右摘袋。

13. 柚果减酸增糖措施有哪些?

柚子果汁中的酸主要是柠檬酸,幼果发育期积累快,随着果实的发育成熟,含酸量逐渐减少。柚子果实太酸主要原因:一是品种固有特性影响;二是受外界环境条件影响,如气温低、日照不够;三是不合理的栽培管理技术,如土壤缺少有机质,过多的施氮、钾肥,或者肥料营养素配比不合理,采收过早,果实未充分成熟等。克服果实太酸的技术措施有以下几点。

(1)适地适栽。

(2)扩穴改土,增施有机肥。结果树每年施入四次肥料,有机肥料应占 80％以上,施大量元素氮、磷、钾肥,宜掌握 1：0.6：0.8 的合理配比。

(3)合理修剪,改善通风透气性。结合春季修剪和夏季修剪,适当疏删密集枝和春梢,回缩下垂枝,短截交叉枝。若树冠郁闭,则应疏去 1～2 根大侧枝,实施"开天窗",改善树冠内膛通风透光条件。

（4）充分成熟后采收。完全成熟的果实酸甜适口，风味浓郁，有香气。

14. 怎样提高柚果实的内在品质？

柚树果实的内在品质，主要指果实的食用品质，包括风味、香味、肉质、杂味、食用部分和种子含量等内质因子。提高内在品质的技术措施如下。

（1）选择在适宜区栽培。

（2）每年对柚树进行 1～2 次扩穴改土埋肥，更新土壤，将土壤有机质含量提高到 3% 以上，创造深、松、肥、潮的土壤条件。

（3）增施有机肥料。使氮、磷、钾用量形成 1∶0.5～0.6∶0.8 的合理配比，同时补施微量元素，防止缺素症发生。

（4）进行根外追肥，喷布植物生长调节剂和叶面肥。

（5）果实套袋。

（6）采前降低土壤水分。在采收前 1 个月左右通过深沟排水、塑料薄膜覆盖树盘等措施降低土壤水分，以促进果实可溶性固形物相对含量增加。

（7）完熟栽培，即待果实完全成熟后采收。

第七部分　马家柚采收技术要求

1. 果实采收前应做好哪些准备？

采收前 20 天应停止喷洒农药,遵守农药安全使用标准,以保证果品中无残留或不超标;采果前 30 天不灌水,少用或不用化肥做追肥,确保果品不变味。正确估计当年的产量,制定好采果计划,准备好采收、包装和运输工具。采果人员在采果前还需剪去指甲,不喝酒。

2. 怎样才能做到适时采收？

根据销售计划和果实成熟度分阶段采收。如果要储存,应在果实未完全成熟时采收,一般在果实八成熟时采收。这种果较耐贮运,可贮放一段时间后上市,以调节果品的货架期。完全成熟后采收果实不耐储存,且果肉软化、多汁,囊瓣不易剥开。采收不宜超过 12 月中旬,否则会影响到来年果树的产量,采收时间应在晴天露水干后进行,凡遇风霜、雨天、雾天不采收,大风、大雨后应隔 2 天采收。

3. 果实采收的方法和要求是什么？

采收方法:先外后内,先下后上,一果两剪,第一剪留长梗剪下,第二剪齐果蒂剪平。

采收要求:采果时不可吸烟,不可攀枝拉果,禁止强拉硬扯,果实必须轻拿、轻放,避免伤果影响贮藏及销售。伤果、落果、畸形果、病虫果等必须另外放置,枯枝杂物不要混在其中。采下的果实不可随地堆放,更不可日晒雨淋。采果筐(篓)内应垫棕皮或棉布,以免损伤果皮。汽车装载应适度,以八至九成满为宜,轻装轻放,运输途中应尽量避免果实受到大的震动而造成机械损伤,影响品质。

4. 如何进行采后处理?

采后处理有 3 项工作。

(1)浸果。果实采收后 24 小时内必须进行防腐处理,杀菌保鲜处理应采用效果好、低残留的防腐保鲜剂,禁用高毒残留期长的保鲜剂。常用的防腐保鲜剂:25％的代唑霉、咪酰胺、绿色南方等。

(2)预贮。将防腐处理后的果实堆放在通风良好、地面干燥、温度较低、不受阳光直射的室内地面上(铺稻草)进行预贮 3 天,使果实预冷、愈伤、软化。

(3)简易分级。预贮后应精选分级,按照果实大小进行分级,各级别要求均匀一致。

5. 如何防治果实采后贮藏病害?

(1)加强田间防治。

有些贮藏病害来自田间,在果实采收前已经受感染,或潜伏感染。例如褐色蒂腐病来自果园中的树脂病,褐腐病、黑星病等也是果园中的常见病害,柑橘炭疽病菌的附着孢子在果实上普遍存在,一旦果实在贮藏期生理变衰弱,病菌便侵入,引起发病。由此可见,田间的防病质量,对控制贮藏病害有直接的影响。为了提高贮藏效果,应根据各种病害的发生规律,适时开展田间防治,以减少病原,减少病果。贮藏入库时要严格选果,剔除病、伤果实。

(2)适时采收,提高采果质量。

①柑橘果实的耐藏性与果实成熟度有关。一般充分成熟的果实风味佳,耐藏性差;过早采收的果实风味差,耐藏性好。为兼顾两者,贮藏用果的采收期以果实八成成熟度为最佳。此时果实的内在品质已达到商品的要求,含酸量较高,在贮藏过程中仍能保持较好的风味,而且腐烂也较少。

②引起柑橘果实腐烂的病原菌,多数为弱寄生菌,由伤口侵入。因此提高采果质量,避免及减少伤口就能有效控制腐烂,这是贮藏成败的关键。

③在果实采收、运输、贮藏过程中均应注意轻拿轻放,防止给果实造成各种机械伤,如剪伤、碰伤、指甲伤、拉伤、跌伤、刺伤、擦伤和压伤等。

(3)用杀菌剂处理。

①采果前先对贮藏库和工具进行消毒处理。例如,每立方米用 10 克硫黄粉,加锯木屑点火发烟熏蒸 24 小时,或用 50% 多菌灵可湿性粉剂 200~500 倍液喷雾、擦洗。

②果实采后用杀菌剂浸果处理。杀菌剂可选用多菌灵(MBC)可湿性粉剂 500~1 000 毫克/千克,或苯菌灵(苯来特)可湿性粉剂 500 毫克/千克,或噻菌灵(特克多、涕必灵、TBZ)悬浮剂 500~1 000 毫克/千克或抑霉唑水溶性粉剂 500~1 000 毫克/千克。上述杀菌剂对青霉病、绿霉病有良好的防治效果,对其他病害的防效不理想。为了兼治蒂腐病、黑腐病、炭疽病,常在杀菌剂中混用 200 毫克/千克的 2,4-D。2,4-D 是一种植物生

长激素,本身不具有杀菌作用,但能保护果蒂新鲜,延缓果实衰老,从而增强抗病能力,起到间接防病作用。使用 2,4-D 必须在采后 3 天内进行,否则效果较差。

(4)创造良好的贮藏条件。

目前,我国柑橘果实贮藏方式以常温贮藏为主,在大中城市采用低温贮藏。常温贮藏又以通风贮藏库最为普遍,除此之外,还有地窖贮藏、联拱沟窖贮藏、地下库贮藏等。

第八部分　马家柚防冻技术要求

1. 柚树发生寒害和冻害的原因是什么？

(1)寒害。入侵本地的冷空气在 24 小时之内,导致气温极剧下降 10℃以下,同时当天的最低气温在 5℃以下,这股冷空气称之为寒潮。寒潮导致柚树寒害。原因是树体在寒冷条件下,光合作用受阻,物质代谢及能量转换受到一定程度破坏。但降温未达到冰点,细胞间隙和细胞内部没有结冰。由于新陈代谢受到障碍,因而生理过程的协调受到破坏,并逐渐显现出伤害。

(2)冻害。主要发生在柑橘栽培区北缘地带,引起冻害的天气条件,有平流降温、融雪降温和辐射降温的分别作用,也有以上三重降温的综合作用。受冻致害的主要原因是,降温到冰点以下,柚树发生细胞间隙结冰,或在细胞内部结冰。细胞新陈代谢极度紊乱,失水变形,如果继续发生不可逆转的冰冻,细胞便逐渐死亡。

2. 柚树抗寒、抗冻必须具备什么样的生理特征？

冻害发生的程度取决于极端低温的程度、低温持续的时间,昼夜温差的大小,也决定于树体本身对低温的忍耐和抗御能力。对致冻点以上低温的忍耐和抗御性能,称为抗寒性或耐寒性;对致冻点以下低温的忍耐和抗御性能,称为抗冻性或耐冻性。抗寒和抗冻在生理上应具备:第一,束缚水和自由水的相对比值大。自由水多,束缚水少易发生冻害,反之则耐冻。第二,细胞内可溶性固形物多,糖分含量高,细胞液浓度大,可减少细胞内水分外渗结冰。栽培上加强管理,培壮树势,使树体内合成较多的有机营养物质。第三,细胞内原生质黏度大、透性小,水分和溶质不易丢失,有利于抗冻。栽培上适当提早柚树秋梢自剪期。

3. 利用大水体效应种植柚树为什么能减轻冻害?

冬季,江、河和水库等水体,在风的吹拂下,水体上升的暖湿水汽吹到水域周围,能提高水体附近地区的气温,起到以水调气、调温的作用。其原因如下。

(1)水热容量比土壤热容量大 2～3 倍。因此,冬季水体降温速度慢于沿岸的土壤和大气,水温远高于水体周围大气的温度。1 立方米水降温 1℃,能放出 1 000 大卡的热量,蓄水越多,能给周围大气提供的热量越多。

(2)水体吸热多,散热少,贮热丰富。据测定,1 毫升水凝结成 0℃冰,能释放 357 焦耳的热量,可使 500 立方厘米的空气增温 1℃。因此,水体越大,冬季水体附近空气越暖和。

(3)水体热量不易扩散。水面湿度大,容易使水汽变成雾,因而水域附近常多雾,能有效减少散热降温,进而近水面和近地面大气层处于温暖湿润的状态,形成特殊小气候环境。

4. 冻前灌水为什么能减轻柚树冻害?

水是肥的载体,又是热的调节者。灌水需在寒潮发生前7～10天进行,过早灌水,气温高,不利于树体适时进入休眠;过迟,到冻期才进行,会增厚冰层,适得其反。

冻前灌水的作用如下。

(1)缓解冬季柚树叶片蒸腾和供水矛盾,避免造成生理失水而引起冻害;同时,灌水后土壤中的矿物质易被根系吸收,从而增强树体体质,提高抗冻能力。

(2)提高土壤温度。含水多的土壤,降温速度也缓慢。

(3)提高土壤表层的空气湿度。湿度大,在霜冻凝结过程中,水汽变成水滴状态,能发出大量的热,使地表层土壤温度得到提高。

5. 冻前怎样给柚树喷布抑蒸保温剂防冻?

抑蒸保温剂,是一种乳膜,喷布于树枝、叶上,形成极薄的透明膜。太阳辐射可以渗入,外界冷空气不易侵入。能有效地抑制树冠蒸腾失水,提高树体温度,有利于冬季维持叶细胞正常生理功能,减少落叶,减轻冻害。喷布时间:冻前 3~10 天,最好在当时日平均气温为 2℃ 左右时喷射为适宜。喷布次数:每年冬季可喷布 2~3 次,有效期为 15~20 天。喷布浓度:上海市农业科学院作物研究所研制的"长风 3 号"叶面保温剂,使用浓度为3.0%;日本研制的 O.E.D 液抑蒸保温剂,使用浓度为 2%~3%;聚乙烯醇水溶液,使用浓度为 0.5%~2%。

6. 怎样采取措施防止柚树冰雪灾害?

(1)冬至前后,柚园地面和树体覆盖草和塑料薄膜,防止雪和霜危害。

(2)降雪时,随时摇落树上积雪,若已经结冰切勿敲打。待午后气温回升,冰融化后再摇落。

(3)清除树盘中的积雪。

（4）及时清除压断树枝，伤口涂抹保护剂；劈裂枝梢，应用支柱撑起，用绳索绑缚，使其尽快恢复。

（5）树干包扎，涂白。

7. 柚树发生冻害有什么外部表现？

（1）叶受冻表现。柑橘受冻首先表现在叶片上。受冻之初，叶片会卷曲、萎缩，并逐渐干枯脱落。

（2）枝干受冻表现。冻害继续发展，当年生枝梢会干枯，并逐渐向树冠中部发展，进而主枝和主干受害，会引起幼树、衰弱树与旺长树的根颈部、树干和树杈部的树皮开裂。

（3）果实受冻表现。多表现为贮藏的柚果实和翌年成熟的一些品种的果实。

8. 怎样划分柚树冻害的等级标准？

根据冻后柚树树体的外部表现和当年树势产量情况，进行冻害评级，以此判断柚树冻害程度和等级标准。一般一二级为轻度冻害，三级为重度冻害，四、五级为严重冻害。

一级：叶片因冻害落叶量小于40％，冻斑仅出现在个别晚秋梢中，树势、结果基本未受影响。

二级：叶片因冻害落叶量达到40％～70％，一年生枝存在部分冻伤、冻死，树势和结果受到影响，但二年生枝无损坏，树势恢复容易。

三级：70％以上叶片枯死，大部分一到三年生枝条冻死，当年无产量或严重减产，树势受影响严重。

四级：叶片、夏秋梢均冻死，主枝、主干受冻，树势伤害严重，冻害后处理不当可能导致树体死亡。

五级：全株冻死，丧失萌发能力。

9.怎样进行柚树冻后护理？

完全折断的枝干，应及早锯断并削平伤口，涂以 100 倍的托布津等保护剂，防止腐烂；已经劈裂未断的枝干，宜用绳索捆绑固定，裂口上涂腊，再用塑料薄膜带包扎紧密；冻开的枝干，易发生树脂病，裂皮处涂抹康复剂防病。一、二级冻害的柚树，枝梢尚好，但叶片枯萎或枯萎的叶片不断自行脱落，则应及时摘除枯叶，以免消耗树体水分，扩大冻害；三级重度冻害柚树，受冻枝条宜适时修剪，修剪大致安排在 3 月中旬后；四级重度冻害，1～2 年生枝条全部死亡，大部分骨干枝死亡，主干受冻严重，应在主干萌芽时，确定死活界限后，及时锯干，削平伤口并涂保护剂，再用黑色塑料薄膜包裹伤口，在春梢 5 厘米长时，选留方位好的壮梢 4～6 根，作为主枝预备枝培养；五级重度冻害柚树，接穗部分全部死亡，但枳壳尚好，可选留方位好的枳壳砧壮梢，就地嫁接。

第九部分 马家柚病虫害管理

1. 柚树病虫防治的基本原则是什么？

全面贯彻"预防为主，综合防治"的植保方针，积极开展病虫预测预报工作。以农业和物理防治为基础，生物防治为核心，按照病虫害发生的规律和经济阈值，科学使用化学防治技术，有效控制病虫危害。

2. 什么是病虫害综合防治？有何优点？

病虫害综合防治是指利用不同的方法，包括物理、化学、生物以及栽培技术等，来预防控制昆虫、病菌以及杂草对经济作物的危害，目的是减少化学药剂的使用，提高经济作物品质，保护生态环境。通过综合防治可有效降低生产成本，减轻对环境的污染，获得良好的经济效益和生态效益。对柑橘病虫害防治应始终坚持"预防为主，综合防治"的植保方针，遵循以农业防治、人工防治和物理防治为基础，生物防治为核心的原则，科学使用化学防治技术，并严格遵守农药安全使用规范，保证柑橘果品的绿色生产。

3. 农业防治有哪些措施？

(1)采果后及时修剪枝条，科学修剪，防止树冠郁闭。

(2)均衡施肥，避免偏施复合肥、氮肥。

（3）适时采收。

（4）实施翻土、修剪、清洁果园、排水、控梢等农业措施,减少病虫源,加强栽培管理,增强树势,提高树体自身抗病虫能力。

（5）园内间作和生草栽培。

（6）种植防护林。

（7）选用抗病品种和砧木。

4. 什么是物理防治?

利用害虫的趋光性、趋化性以及趋色性等生物特性来防治害虫。具体办法是利用频振式杀虫灯诱杀吸果夜蛾、金龟子、卷叶蛾等害虫;在糖、酒、醋液中加入农药诱杀大实蝇、拟小黄卷叶蛾;利用黄板诱杀蚜虫、粉虱等。另外,可人工捕捉天牛等害虫;集中种植害虫中间寄主以诱杀害虫。

5. 什么是生物防治?

通过改善果园生态环境,人工引移、繁殖释放天敌,或者应用生物源农药和矿物源农药,或者利用性引诱剂和以菌治虫等措施来防治消灭害虫。此种方法不污染环境,对人体健康无害。

6. 化学防治有哪些注意事项?

采用化学药剂防治病虫害需注意以下几点。

（1）禁止剧毒高残留农药在马家柚生产上应用。

（2）不能超剂量使用农药。

（3）不能长期使用同一种农药。

（4）要及时清洁器械。

（5）要注意劳动保护,防止发生意外人身伤害事故。

7. 病虫害防治的关键时期如何确定？应如何进行防治？

化学防治的几个关键时期如下。

（1）春梢萌发期（春芽露头长 1 厘米时）。主要防治对象是：柑橘疮痂病、炭疽病，花蕾蛆、蚜虫、叶甲和红蜘蛛，应使用杀虫剂＋杀螨剂＋杀菌剂联合防治，如大生＋蚜虱净＋尼索朗就是一个很好的组合。

（2）花谢 2/3 时，主防柑橘疮痂病上果，同时兼防红蜘蛛、炭疽和树脂病。大生＋克螨特的组合效果比较理想，甲托和多菌灵也可以在这一时期使用。4 月下旬至 5 月初黑刺粉虱开始孵化，应使用 1 次乐果加洗洁净进行挑治。

（3）5 月中旬左右是蚧壳虫孵化的主要时期，用乐斯本或速扑杀防治蚧壳虫，黑刺粉虱严重的果园加洗洁精，用药时可加入扫螨净兼防红蜘蛛。

（4）6 月初使用阿维菌素（维丹）防治红黄蜘蛛、潜叶蛾和锈壁虱，煤烟病严重的果园应喷 1 次大生。

（5）幼苗夏秋梢出头后用啶虫脒防治潜叶蛾；大树防潜叶蛾以抹梢为主。进入 7 月后一般不用药。9 月上旬使用石硫合剂防治红蜘蛛抬头。

（6）冬春季修剪后使用石硫合剂清园，用石灰水涂白树干。

8. 什么是农药的安全间隔期？

农药的安全间隔期是指最后一次施药至收获农作物前的时期，即自喷药到残留量降至允许残留量所需的时间，称为安全间隔期。安全间隔期因农药、作物种类等不同而不同。最后一次喷药与收获之间的时间必须大于安全间隔期,不允许在安全间隔期内收获作物,以防人畜中毒。

以下柚果生产中一些常用农药安全间隔期:炔螨特,30 天;双甲脒,21 天;毒死蜱,21 天;杀螟丹,21 天;机油乳剂,15;哒螨灵,30 天;氟虫脲,30 天;溴螨酯,21 天;阿维菌素,21 天;辛硫磷,15 天;敌百虫,28 天;敌敌畏,21 天;噻嗪酮,35 天。

9. 脚腐病有什么症状？ 如何防治？

脚腐病又名裙腐病,是一种根颈病害,它危害柑橘根颈和主根皮层,病部树皮呈不规则黄褐色水渍状腐烂,有酒糟味,天气潮湿时常流出胶质,在干燥条件下病部开裂变硬结成块,染病部分和健康部分界限明显。初期仅危害树表皮,后扩大至形成层以至木质部。高温多雨季节,病斑纵横扩展,向上蔓延至主干距地面 20 厘米处,向下至根群,横向至主干形成环割状,从而导致植株死亡,病树全部或部分叶片黄化,病树开花多结果少。

脚腐病的防治应采用以抗病砧木为主的综合防治措施。

(1)靠接换砧。在已感病砧木的植株基部,选择不同方位靠接 3 株抗病砧木。靠接能有效缓解本病危害,是对现有柑橘园防治脚腐病的有效措施。凡是感病砧木的柑橘园,都应分期、分批进行靠接,而且先靠接健株和轻病株。靠接对 10 年生以下的植株效果明显;对老龄重病树只起到保命的作用,对恢复树势和产量无明显作用。

(2)药剂治疗。每年初夏,逐株检查田间发病情况。若发现病斑,则用刀刮去外表泥土,使病斑清晰现出,并纵刻病部,深达木质部,刻道间隔 1 厘米;然后涂 25% 甲霜灵(雷多米尔、瑞毒霉、甲霜安)可湿性粉剂 200 倍液或 90% 三乙膦酸铝(疫霉灵、疫霜灵、乙膦铝)可溶性粉剂 100 倍液。

（3）合理密植，及时间伐。抗病砧木只是砧木部位抗病，而砧木以上的接穗主干部分仍可染病。尤其在封行郁蔽的柑橘园，由于湿度偏高，有利于本病发生。因此，推行计划密植时，必须强调及时间伐，加强栽培管理，以利果园通风，降低湿度。

（4）选用枳、红橘等耐病的砧木。

（5）栽植时，苗木的嫁接口要露出土面，可减少减轻发病。

10. 黑斑病有什么症状？如何防治？

黑斑病主要为害果实，引起大小不等的病斑，导致落果以及带菌果实在贮藏期的进一步腐烂。叶片和枝梢发病较轻，但侵染果实的病菌来自落叶和枯梢。病菌感染幼果，至果实将近成熟时表现症状。由于黑斑病菌被欧盟和美国等国家列入严禁入境有害生物，成为我国柑橘鲜果出口的一大障碍。

防治措施：

（1）剪除枯枝，清扫落叶。结合冬季修剪剪除病枝叶，清除地面枯枝落叶，集中烧毁，并喷 0.8～1.0 波美度的石硫合剂，可减少病菌的侵染来源。

（2）喷药保果。因为果实感染主要发生在幼果期，当见到果面和叶面出现病斑再来喷药防治则为时已晚。必须在落花后 15 天内喷第一次药，以后每隔 15～20 天再喷 1 次，连喷 2～3 次。有效药剂有：70％甲基硫菌灵可湿性粉剂 800～1 000 倍液；10％苯醚甲环唑水分散颗粒剂 1 200～1 500 倍液；80％代森锰锌可湿性粉剂 600 倍液或 77％氢氧化铜可湿性粉剂 800 倍液。

11. 疮痂病有什么症状？如何防治？

嫩叶展开前即可染病，初呈油渍状小斑，后木栓化向叶背隆起,呈圆形疮痂状,叶面多凹陷,病斑连合时叶片歪扭,表面粗糙;枝梢变短,扭曲。幼果果面呈瘤状突起,木栓化,果小、皮厚、畸形,易早落。天气潮湿时,病斑长灰色粉霉(分生孢子)。被害树落叶、落果,品质下降。

防治方法:

应采用以化学防治为重点的综合防治。

(1)药剂防治。喷药保护的重点是嫩叶和幼果。

①防治时期。春梢上的疮痂病,应在春梢新芽萌动至芽长2毫米之前喷药;在谢花 2/3 时喷药,保护幼果;秋梢也发病的柑橘产区,还要喷药保护秋梢。

②药剂种类。0.5%～0.8%倍量式波尔多液,50%多菌灵可湿性粉剂 1 000 倍液,70%甲基托布津可湿性粉剂 800～1 000倍液,50%托布津可湿性粉剂 500～800 倍液,50%苯菌灵(苯来特)可湿性粉剂 1 000 倍液,50%灭菌丹可湿性粉剂 500倍液,75%百菌清可湿性粉剂 500～800 倍液,铜皂液(硫酸铜0.5 千克,松脂合剂 2 千克,水 200 千克)。

③喷药次数:应根据当时病情而定,一般隔 10～15 天喷1 次,共喷 1～2 次。

(2)剪枝清园。结合秋、春季修剪,剪除并烧毁病枝叶,消灭越冬病原,同时清除地面枯枝落叶,以减少菌量,减轻发病。

(3)新建果园时,注意选用无病苗木。病区接穗用 50%苯菌灵可湿性粉剂 800 倍液浸泡 30 分钟,有良好的杀菌消毒效果。

12. 炭疽病有什么症状? 如何防治?

炭疽病主要危害叶片、枝梢和果实,也危害苗木、花和果梗等。不同部位染病症状有以下不同。

（1）叶片受害，病斑常发生于叶片边缘或尖端，近圆形或不规则形状，病斑边缘为深褐色，中央灰褐色，干燥时病斑中部为灰白色，病斑上面有许多黑色小粒点，散发或呈轮纹状排列，在多雨潮湿时，病斑上黑色小粒点中溢出许多橘红色黏性小液点。在发病盛期，如遇连续阴雨天气，有时会出现"急性型"病斑，初时淡青色或青褐色，像开水烫伤病斑，迅速扩展成水渍状、边缘不清晰的波纹状大病斑，上面也生有橘红色带黏性的小液点，病叶很快脱落。

（2）枝梢发病，多从叶柄基部腋芽处或受伤处开始，病斑初为淡褐色、椭圆形，后扩大为长棱形，稍下陷。病斑发展到环绕枝梢一周时，病梢由上而下呈灰白色枯死，上面散生黑色小粒点，病枝的叶片往往卷缩干枯，经久不落。嫩梢在发病盛期如遇连续阴雨天气，也会出现"急性型"症状，即嫩梢顶端3～10厘米处突然发病，似开水烫伤，3～5天后凋萎，病部上生橘红色小液点。苗木发病多在离地面7～10厘米或嫁接口处开始，生不规则的深褐色病斑，严重时主干顶部枯死，并延及枝条干枯。

（3）花部发病，开花后雌蕊先受害，腐烂、呈褐色而引起落花。

（4）果梗发病，呈淡黄色，后变褐色干枯，果实脱落或失水成僵果挂在枝上。

（5）果实发病，可分为干疤和果腐2种类型。干疤型发生在比较干燥条件下的果实上，病斑边缘明显，圆形或近圆形，黄褐色至黑褐色，稍凹陷，皮革状，病斑上可见许多黑色小点。果腐型主要发生在近成熟或贮藏期湿度大的果实上，可从果蒂或果腰开始发病，初为淡褐色水渍状，后变褐色而腐烂。

防治方法：

采用加强栽培管理、增强树势为重点的综合防治措施。

（1）加强栽培管理。增强树势是本病防治之本。只要树势健壮，就能提高对炭疽病的抗病力，抵御病菌的侵染。加强栽培管理的具体措施，应根据果园的实际问题，对症实施。例如，扩穴，深翻，增施有机肥，增补磷、钾肥，注意及时排灌，注意修剪，及时间伐密植园，同时要不失时机地对其他病虫害进行防治等。

（2）喷药保护。常用的杀菌剂都能有效阻止病菌分生孢子萌发，从而也能阻止它的直接侵入和形成附着孢。因此，药剂防治可作为一种辅助措施，在发病初期进行。药剂可选用：0.5%石灰等量式波尔多液、50%退菌特可湿粉剂 500～700 倍液、50%托布津可湿性粉剂 800 倍液、50%多菌灵可湿性粉剂 1 000 倍液。每隔 15 天喷 1 次，连喷 2～3 次。

（3）彻底清除病源。剪除病枝梢、叶和病果梗，集中烧毁，并随时注意清除落叶、落果。

13. 树脂病有什么症状？ 如何防治？

树脂病的症状，常随为害部位以及环境条件不同而有差异。枝干受害后，引起皮层坏死，初期呈现暗褐色油渍状病斑，有流胶现象的称流胶型；病部流胶现象不明显的称干枯型。不论何种类型，病部的木质部均变浅灰褐色，并在病、健交界处有一条黄褐色或黑褐色的痕带。病部栓皮层和外露的木质部上，可以见到许多小黑点（病菌分生孢器）。叶片受害后，呈现许多散生或密集成片的黄褐色或黑褐色硬质小粒点，隆起，手摸表面粗糙，似砂纸之感，故称砂皮病。田间果实受害后的症状与叶片相同。为害成熟果实,在贮藏条件下其症状为褐色蒂腐病。病斑常始发于蒂部,开始出现水渍状褐色病斑,革质,有韧性,用手指轻压不易破裂。病斑边缘呈波纹状,白色菌丝在果实内部中心柱迅速蔓延,当外部果皮 1/3～2/3 腐烂时,果心已全部腐烂,称穿心烂。有时在病果表面覆盖一层白色菌丝体,散生黑色小粒点。

防治方法:

应采用以加强栽培管理,增强树势为主的综合防治措施。

(1)加强栽培管理,增强树势,是防治本病的关键。具体实施要因地制宜,因树制宜,如增施有机肥、钾肥,以增强树势,提高树体抗性。改良土壤,防寒防冻防日灼,及时防治其他病虫害,合理整形修剪,使叶幕层更好地保护枝干等。

(2)药剂防治。防治叶和幼果上的病菌,应于春梢萌发期,花落 2/3 以及幼果期各喷 1 次药。药剂可选用 0.5%～0.8% 石灰等量式波尔多液或 50% 退菌特可湿性粉剂 500～600 倍液或 50% 托布津可湿性粉剂 500～800 倍液。枝干上病部可采用纵刻病部,涂药治疗。涂药时期:4—5 月、8—9 月,每期涂 3～4 次。药剂可选用 50% 多菌灵可湿性粉剂 100 倍液或 50% 托布津可湿性粉剂 100 倍液。

(3)认真清园。结合修剪将病虫枝、枯枝、机械损伤枝剪除,挖除病枯树桩和死树,集中销毁,以减少病源。

14. 煤烟病有什么症状? 如何防治?

煤烟病症状:叶片、枝梢和果实染病初期,其表面出现薄层暗褐色小霉斑,逐渐扩展并相互连合,形成绒毛状暗褐色或薄膜状黑色霉层,有的还散生小黑点(闭囊壳或分孢器)或刚毛状突起物霉层,遮盖枝叶和果面,影响柑橘正常光合作用,致使植株生长势衰弱,果实品质与品级下降。另外,不同病原引起的症状也有差异。

防治方法:

(1)防治本病的关键是防虫治病。要不失时机地对蚧类、粉虱、蚜虫进行防治。

①对蚧类的防治,在幼蚧孵化盛期喷 2～3 次速扑杀;

②对粉虱类防治,应在各代 1～2 龄若虫盛发期喷药。药剂可选用 40% 乐果乳油 1 000 倍液或 90% 敌百虫晶体 500～1 000 倍液;

③对蚜虫的防治可选用 40% 乐果乳油 4 000 倍液或 10% 氯菊酯(二氯苯醚菊酯、除虫精)5 000～8 000 倍液。

(2)对小煤炱属引起的煤烟病的防治。于 6 月中旬、6 月下旬、7 月上旬各喷 1 次铜皂液(硫酸铜 0.5 千克,松脂合剂 2 千克,水 200 千克)。在发病初期,可喷 95% 机油乳剂 50～100 倍液。

(3)农业防治。加强果园管理,适度修剪,以利通风透光,增强树势,减轻危害。采后清园,可喷施 45% 石硫合剂 3 000 倍液加敌百虫 600～800 倍液等。

15. 裂皮病有什么症状?如何防治?

裂皮病属全株性病害。病株砧木部分树皮纵向开裂和翘起,呈鳞片剥落;木质部外露,有的流胶。树冠矮化,新梢少而纤细。叶片少而小,多畸形,有的叶脉附近绿色,叶肉黄化,类似缺锌状态。结果期提早,开花多,多为畸形。病树落花落果严重,枯枝多,以致全株死亡。主要为害以枳作砧木的柑橘,以橘、橙作砧木的受害轻微。

防治方法：

由于裂皮病原的耐热性较强，能使病毒钝化的热处理方法均无效。采用实生繁殖的方法虽可获得无毒植株，但童期长、结果迟、品种性状不稳定，故不宜采用。

（1）母树用伊特洛格香橼亚利桑那 861 品系作指示植物进行鉴定。证明无病者方可采穗繁殖。

（2）优良母树中如经鉴定未能达到无病植株时，可通过茎尖嫁接方法脱毒培育无毒植株。

（3）嫁接刀或修枝剪等工具，可用 10％漂白粉水溶液消毒，将工具浸入消毒液或用布蘸后擦洗刀刃部 1 秒钟，再用清水冲洗擦干使用。果园或苗圃中栽有多种来源的品种时，尤应注意在换剪或换接另一品种时进行工具消毒。

（4）苗木除萌或果园抹芽放梢时，应以拉扯去芽的方法代替以手指抹芽，以避免手上沾污的病株汁液传给健株。

（5）有些果园在进入结果期时陆续发病，可采用在病树四周靠接抗病砧木（如红橘、酸橘）的办法来补救，但收效慢。即使局部果园的树势和结果量逐渐恢复和回升，但保留了大量病株——传染源，不利于大面积柑橘生产中控制病害的蔓延，故不宜提倡。

（6）选用耐病砧木，一旦发现个别病株，应及时挖除、销毁。

16. 衰退病有什么症状？如何防治？

植株开始发病时，病枝上不抽发或少抽发新梢。老叶失去光泽，主脉及侧脉附近明显黄化，不久即脱落。病枝从顶部向下枯死。病树一般是比较缓慢地凋萎，有时病树的叶片突然萎蔫，干挂树上。这种情况又称速衰病。

防治方法：

(1)加强植物检疫，防止衰退病强毒株系的传入。

(2)选用无病毒的繁殖材料。

(3)在柑橘生长期及时防治传病媒介昆虫橘蚜等。

(4)选用耐病砧木。选用枳、酸橘、黎檬、红橘等耐病品种做砧木是切实可行的有效方法。枸头橙具有生长势强健、耐盐碱的优点。它虽属酸橙，但对衰退病有较强的耐病性，也可用作砧木。在使用枸头橙以外的其他酸橙品种作砧木时，要特别注意经过耐病性测定。

17. 根线虫病有什么症状？如何防治？

根线虫病为害根部，受害须根比正常须根略粗短、畸形、易碎，缺乏正常根应有的黄白光泽。由于线虫的穿刺，不但破坏了根皮组织，而且容易感染其他病原微生物，使根皮呈黑色坏死。严重受害时，导致根皮不能随中柱生长，使皮层和中柱发生分离症状。与干旱、营养不良、缺素症状相类似，表现出缓慢性衰退，叶片小而发黄、落叶、枝枯，产量锐减。

防治方法：

(1)利用抗病砧木。凡是适宜用枳作砧木的地区，都应大力推广应用。

(2)药剂防治。春季在树冠滴水处土壤开环沟，施15%涕灭威(铁灭克)颗粒剂5千克/亩，或用10%克线磷(力满库)颗粒剂5千克/亩，或用10%丙线磷(益收宝)颗粒剂5千克/亩，或用10%克线丹颗粒剂5千克/亩，施药后覆土、灌水。

(3)加强肥水管理，增施有机肥料和磷钾肥，促进未受害的根系生长,提高植株的耐病能力。必须在药剂防治的基础上进行,否则效果不佳。

(4)病区苗圃地不宜连作,应选用先前种植禾本科作物的土地或水稻田。如果用带病地作苗圃,则需反复犁耙翻晒土壤,以减少土壤中病原线虫的数量。播种前半个月用药剂处理土壤,杀死土中线虫。

(5)加强苗木检验,培育无病苗木。

18. 黄龙病有什么症状? 如何防治?

黄龙病全年都能发生,春、夏、秋梢均可出现症状。新梢叶片有 3 种类型的黄化,即均匀黄化、斑驳黄化和缺素状黄化。幼年树和初期结果树春梢发病,新梢叶片转绿后开始褪绿,使全株新叶均匀黄化,夏、秋梢发病则是新梢叶片在转绿过程出现淡黄无光泽,逐渐均匀黄化。投产的成年树,常在整片柑橘园中,出现个别或部分植株树冠上少数枝条的新梢叶片黄化,农民称"鸡头黄"或"插金花"。翌年黄化枝扩大至全株,使树体衰退。在病株中有的新叶从叶片基部、叶脉附近或边缘开始褪绿黄化,并逐渐扩大成黄绿相间的斑驳状黄化,与均匀黄化可同时出现。斑驳黄化也可转变为均匀黄化。这些黄化枝上再发的新梢或剪截了黄化枝后抽出的新梢,枝短、叶小变硬,表现缺锌、缺锰状的花叶。果实小或畸形,着色不匀,橘类常表现"红肩"果,橙类表现果皮青绿无光泽的"青果"。

黄龙病通过嫁接传播。带病苗木或接穗是远距离传病的主因,往往使无病的新区变成病区。田间发病程度与田间病原存在和传病昆虫柑橘木虱的发生密度有很大关系。田间病树多、柑橘木虱又大发生时,黄龙病亦大发生。

防治方法：

(1)严格实施检疫,严禁疫区苗木及接穗向新区和无病区调运。

(2)建立无病苗圃,培育种植无病苗木。

(3)挖除病株。该病无药可治,发现病树,应立即挖除。做法是:梢期,尤其是秋梢期,认真逐株检查,发现病株或可疑病株,立即挖除集中烧毁。挖除病树前应对病树及附近植株喷洒杀虫剂,以防柑橘木虱从病树向周围转移传播。显症病株率超过20%的果园,应挖除全部果园植株,重新栽种无病苗木。

(4)防治柑橘木虱。柑橘木虱是传播黄龙病的介质昆虫,生长在柑橘的新芽、嫩梢上。通过控制水肥来控制抽梢,使抽出的新梢整齐一致,缩短抽梢期。新梢抽发至1～2厘米时,全面喷洒1～2次杀虫剂。有效药剂有10%吡虫啉可湿性粉剂1 500～2 000倍液,或用5%氟虫腈悬浮剂1 500倍液,或用25%噻虫嗪水分散粒剂4 000～5 000倍液等药剂。在冬季,挖除果园周围九里香等寄主植物。此外果园周围栽种防护林,对木虱的迁飞可起到阻碍作用。

(5)加强管理,尤其是要加强结果树的水肥管理,保持树势旺盛。

19. 溃疡病有什么症状？如何防治？

溃疡病为害柑橘嫩梢、嫩叶和幼果。发病初期,在叶背初生针头大的黄色或暗绿色油渍状小斑点,后成灰褐色近圆形斑,叶片正反两面均隆起,病斑中部呈火山状开裂,木栓化,周围有黄色晕环。枝梢及果实受害,病斑同叶片,但不显黄色晕环,病斑突起更严重。后期病树叶片脱落、枝梢枯死和早期落果。成熟果实病斑累累,品质及品级下降。

防治方法:

(1)实行植物检疫。溃疡病为我国植检对象之一。因此,在调运苗木、接穗、果实时必须严格执行《植物检疫条例》。严禁本病传入无病区和新区。同时封锁疫区,开展防治、减轻病情;局部或零星发病的果园,应果断采取烧毁病株等措施,彻底消灭。同时要消除病树周围 15 米内的杂草。

(2)培育无病苗木,建立无病苗圃。培育无病苗木,必须按照培育无溃疡病苗木操作规程办理。无病苗圃应相对隔离,远离柑橘园 2～3 公里。砧木种子和接穗均应来自无病区。无病苗木的管理、监测、消毒以及人员的活动等均需照章行事。

(3)疫区采取喷药保护为主的综合防治措施。喷药保护的重点是夏、秋梢抽发期和幼果期。一般在新梢自剪后喷第一次药,间隔 7～10 天再喷 1 次,连续喷 2～3 次。为保护幼果,应提早到 5 月下旬用药,连喷 3～4 次。药剂种类可选用 30％氧氯化铜悬浮剂 700 倍液,或用农用链霉素 700～900 单位/毫升,或用 50％DT 可湿性粉剂(又名二元酸铜)700 倍液,或用 14％胶氨铜水剂 300 倍液,或用 0.5％石灰倍量式波尔多液,或用铜皂液(硫酸铜 0.5 千克,松脂合剂 2 千克,水 200 千克),或用 25％噻枯唑(叶枯宁、川化－018、叶青双)可湿性粉剂 500～800 倍液。加强对潜叶蛾的防治,以减少病菌从伤口侵入的机会。

20. 红蜘蛛有什么危害?如何防治?

红蜘蛛吸食柑橘叶片、嫩梢、花蕾和果实汁液,尤以嫩叶受害最重。叶片受害处初呈淡绿色后变灰白色斑点,严重时叶片呈灰白色而失去光泽,叶背面布满灰尘状蜕皮壳,引起落叶落果。受害幼果表面出现淡绿色斑点,成熟果实受害后表面出现淡黄色斑点,使其品质差。因果蒂受害而大量落果。

防治方法:

(1)利用天敌防治。在果园种植藿香蓟、白三叶草等,进行生草栽培,创造天敌生存的良好环境。

(2)干旱时及时灌水,可以减轻红蜘蛛危害。

(3)科学用药,避免滥用。

(4)苗木和幼树应以化学防治为主,大树开花前天敌少,应注意化学防治。开花后由于高温高湿和天敌控制,适当进行挑治,6－8月一般不需喷药。

虫情测报和施药指标:在春季发芽时开始每7～10天调查柑橘1年生叶片1次,当螨、卵数达200头/100叶或有螨叶达50%或芽长1～2厘米时,应及时喷药,开花后螨数应达600头/100叶时才喷药。

主要药剂:开花前气温多在20℃以下,许多药剂效果差,应选择非感温性药剂,如5%尼索朗3 000倍液、20%四螨嗪2 000倍液、15%哒螨酮2 000倍液、5%霸螨灵3 000倍液和20%三唑锡1 500倍液等,开花后除上述药剂外,最好用73%克螨特3 000倍液、25%单甲脒或用20%双甲脒1 500倍液、50%苯丁锡2 500倍液和波美0.3～0.5度石硫合剂进行挑治,切勿全园喷有机磷。尼索朗和四螨嗪不杀成螨,如花后用需与其他杀成螨药剂混用,石硫合剂无杀卵作用持效期又短,故需7～10天再喷1次。喷药时加入150毫克/千克的"802"或0.5%尿素可促进新梢老熟增强植株补偿力。

21. 四斑黄蜘蛛有什么危害？如何防治？

四斑黄蜘蛛又名橘始叶螨，主要为害柑橘叶片，嫩梢、花蕾和幼果有少数受害，尤以嫩叶受害最重。该螨常在叶背主脉两侧聚集取食，聚居处常有蛛网覆盖，卵即产在下面。嫩叶受害处背面出现略下凹向正面凸起的黄色大斑。严重时叶片扭曲变形，进而大量落叶。老叶受害处背面为黄褐色大斑，叶正面为淡黄色斑。由于严重破坏叶绿素，其危害甚于柑橘红蜘蛛。

防治方法：

防治策略、测报方法和防治药剂与柑橘红蜘蛛相似。但施药指标为花前螨、卵 100 头/100 叶，花后为 300 头/100 叶。单甲脒和双甲脒效果不理想。防治重点是大树，苗木和小树较轻。施药时应注意树冠内部、叶片背面。

22. 锈壁虱有什么危害？如何防治？

锈壁虱成、若虫群集于叶、果和嫩枝上，刺吸表皮细胞吸取汁液，被害果实、叶片背面呈黑褐色或古铜色，表面粗糙，失去光泽，严重时引起落叶；幼果受害严重时，变小变硬；大果受害后果皮变为黑褐色，韧而厚，果实有发酵味，品质下降。

防治方法：

（1）检查虫情。5—10 月，检查当年春梢叶背或秋梢叶背有无铜锈色或黑斑，或个别果实有无暗灰色或小块黑色斑。若有，应立即喷药或重视采果后的防治，以免造成损失。或者从 6 月上旬起，定期用手持放大镜观察叶背，若每个视野平均有虫 2 头时即应用药防治。

（2）药剂防治。必须强调连续防治,喷药周到。药剂可选用:65％代森锌可湿性粉剂 600～800 倍液;20％哒螨酮可湿性粉剂 4 000～5 000 倍液;40％四螨嗪可湿性粉剂 5 000～6 000 倍液;25％三唑锡可湿性粉剂 2 000～3 000 倍液;73％克螨特乳油 4 000～5 000 倍液;1.8％爱力螨克 3 000～5 000 倍液;50％托尔克 2 000～3 000 倍液;25％单甲脒水剂或 20％双甲脒乳油 2 000～3 000 倍液。

（3）改善柚园生态环境。园内种植覆盖作物,旱季适时灌溉,保持阴湿环境,以减轻锈壁虱的发生与危害。

（4）清洁园区,合理修剪,使树冠通风透光。

（5）利用天敌,如刺粉虱黑蜂、黄盾恩蚜小蜂等。

23. 蓟马有什么危害? 如何防治?

蓟马主要为害嫩枝、嫩叶、花和幼果等。先锉伤寄主表皮后再吸食汁液,使其表皮细胞被破坏,受害处表面呈灰白色或银灰色。嫩叶受害后叶片扭曲变形,叶肉增厚,叶片变硬容易碎裂、脱落,在叶脉两侧会呈现银白色。为害幼果,锉伤果皮组织,待果实长大后出现银白色疤痕,一般柑橘蓟马为害后,疤痕出现在果蒂周围,而且呈环状。有些蓟马取食后疤痕不规则,而且可能出现在果实的侧面或靠近叶片的地方。

防治措施:

（1）冬季清除田间杂草,减少越冬虫源。

（2）保护利用天敌昆虫,捕食性的螨类、蜘蛛、蜡类等都是蓟马的天敌。塔六点蓟马也是一种天敌昆虫,对其他植食性的蓟马也有捕食作用。

（3）化学防治。在低龄若虫高峰期防治,尤其在柑橘开花至幼果期加强监测,当谢花后有 5%～10% 的花或幼果有虫或 20% 直径达 1.8 厘米的幼果有虫,即应开始施药防治。药剂可选用 5% 锐劲特悬浮剂 2 500 倍液、15% 哒螨灵乳油 2 000～3 000倍液、20% 吡虫啉 3 000～4 000 倍液等进行防治。

24. 吹绵蚧有什么危害? 如何防治?

吹绵蚧通过吸食柑橘树体汁液,诱发煤烟病,引起落叶、枯梢、树势衰弱。

防治方法:

以天敌为主,辅以人工和药剂相结合的综合防治。

(1)保护或引用大红瓢虫和澳洲瓢虫。

(2)选用 20% 乐果 500～800 倍液;棉油皂 1∶50 倍液;松脂合剂(3∶2∶10),冬季 10 倍左右,夏季 15 倍左右;50% 马拉硫磷 800～1 000 倍液;50% 敌百虫 250 倍液;洗衣粉 100 倍液;40% 氧化乐果 1 000 倍液;40% 水胺硫磷 1 000 倍液;25% 喹硫磷 500～1 000 倍液;40% 速扑杀(杀扑磷)乳油 2 000～2 500 倍液。以上药剂,应在吹绵蚧若虫盛发阶段,连续喷施 2～3 次,才能取得显著效果。

25. 矢尖蚧有什么危害? 如何防治?

矢尖蚧若虫和雌成虫取食柑橘叶片、果实和小枝汁液。受害轻的叶被害处呈黄色斑点,若许多雄若虫聚集取食,受害处反面呈黄色大斑,严重时叶片扭曲变形,枝叶枯死。果实受害处呈黄绿色,外观差,味酸。

防治方法:

(1)检查虫情,做好预测预报。初花后 25 天或第一代 2 龄

雄虫初见日后 5 天为第 1 次防治时期,20 天后再喷药 1 次;施
药指标:有越冬雌成虫的上一年秋梢叶片数量达 10% 或树上有
2 个小枝组明显有虫或少数枝叶枯焦或去年秋梢叶片上越冬雌
成虫达 15 头/100 叶时,均应施药防治。主要药剂:40% 速扑杀
2 000~3 000 倍液、40% 氧化乐果或 40% 乐斯本或 25% 扑虱灵
1 000~2 000 倍液、0.5% 果圣 1 000~2 000 倍液、95% 机油乳
剂 100~150 倍液,或用前 4 种药剂之一的 2 000~3 000 倍液加
0.25%~0.5% 机油乳剂,效果更好。

(2)剪除病虫枝、干枯枝和郁蔽枝,以减少虫源。

(3)加强修剪,改善通风透光条件。

(4)利用重要天敌,并为其创造良好的生存条件。矢尖蚧天
敌有日本方头甲、整胸寡节瓢虫、湖北红点唇瓢虫、矢尖蚧蚜小
蜂和花角蚜小蜂等,应加以保护利用。

26. 黑点蚧有什么危害？如何防治？

黑点蚧幼虫和成虫群集在叶片、小枝、果实上取食,叶片受
害处出现黄色斑点,严重时变黄;果实受害后外观差,成熟延迟。

防治方法：

(1)当越冬雌成蚧每叶 2 头以上时,即应注意防治,药剂防
治的重点,在 5-8 月 1 龄若蚧的高峰期进行。在 4 月下旬至 5
月上旬或 7 月下旬至 8 月上旬开始,每隔 15 天防治 1 次,连续
防治 2~3 次,防治药剂和使用浓度参看矢尖蚧防治方法。

(2)冬季剪除虫枝,加强肥水管理,增强树势,提高抗性。

(3)保护天敌,并创造其良好的生活环境。

27. 糠片蚧有什么危害？如何防治？

糠片蚧为害枝梢、叶片及果实,叶片和果实的受害处出现淡

绿色斑点,诱发煤烟病,使树势衰弱,果实商品价值降低。

防治方法:

(1)1 龄、2 龄若虫盛期是防治的关键时期,应每 15～20 天喷药 1 次,连续喷 2 次,药剂种类和浓度见矢尖蚧防治方法。

(2)糠片蚧的寄生天敌很多,可考虑用生物防治。

(3)加强栽培管理,增强树体抗性。

28. 褐圆蚧有什么危害? 如何防治?

褐圆蚧为害柑橘类的枝、叶、果实和树干。常在枝梢上垒叠成堆,树干上较少。叶片和果实的受害处均出现淡黄色斑点。

防治方法:

(1)重剪虫枝,结合用药挑治,加强肥水管理,增强树势。

(2)保护利用天敌,将药剂防治时期限制在第二代若虫发生前或在果实采收后,可少伤天敌。也可引移释放天敌。

(3)搞好虫情测报,用药狠治第 1 代若虫。在确定第 1 代若虫初见之后的 21 天、35 天、56 天各喷 1 次药。

(4)药剂防治。防治若虫可选 40%速扑杀乳油,40%乐斯本乳油或 25%优乐得乳油 1 500 倍液;机油乳剂 100～200 倍液。防治雌成虫可任选一种前述农药加上机油乳剂对水后喷布,其混配的体积比依次为 1∶60∶3 000。

29. 红蜡蚧有什么危害? 如何防治?

红蜡蚧的成蚧和若蚧主要群集在枝梢上,少数在叶柄、叶片上吸取汁液。寄生后诱发煤烟病,导致树势衰弱,枝梢叶短,枯枝多,果少而小且味道酸。

防治方法：

（1）农业防治。冬、夏修剪时，除去虫枝，更新树冠，加强肥水管理，促发新梢，恢复树势。

（2）搞好虫情测报。从当年春梢枝段上初见若虫之日算起，其后3～6周为喷药适期，连续用药2次即可。

（3）使用药剂。40％速扑杀乳油1 000～2 000倍液，或松脂合剂15～20倍液，防治1～2龄若虫。

（4）保护利用红蜡蚧、跳小蜂等天敌，控制后期用药。

30. 橘蚜有什么危害？ 如何防治？

橘蚜以春季4、5月份发生为主，常群集柑橘嫩梢和嫩叶上吸食汁液，引起叶片皱缩卷曲、硬脆，严重时嫩梢枯萎，引起幼果脱落。它分泌大量蜜露诱发煤烟病和招引蚂蚁上树，影响天敌活动，降低光合作用。橘蚜还是柑橘衰退病的传播媒介。

防治方法：

（1）药剂防治。新梢有蚜率达25％时即喷药防治，主要药剂有50％抗蚜威2 000～3 000倍液、20％中西杀灭菊酯或20％灭扫利3 000～4 000倍液或40％乐果1 000～1 500倍液等。

（2）应注意保护主要天敌七星瓢虫、异色瓢虫、草蛉、食蚜蝇和蚜茧蜂等。

（3）剪除虫枝或人工抹除抽发不整齐的嫩梢，以减少食料来源和压低虫口基数。

31. 星天牛有什么危害？ 如何防治？

星天牛主要发生在夏季，以幼虫为害为主。星天牛为害柑橘、梨、桑和柳等多种林木。其幼虫蛀食柑橘离地0.5米以内的树颈和主根的皮层,切断养分和水分输送使植株生长不良,轻则部分枝叶黄化,重则由于根颈被"环割"使植株枯死。它造成的伤口还为脚腐病菌的侵入创造了条件。轻则使树生长不良,严重者可使幼龄柑橘死亡。

防治方法:

(1)捕杀成虫。在成虫盛发期,晴天中午树根颈附近捕杀。

(2)保护天牛天敌花绒坚甲、卵寄生蜂长尾啮小蜂、啄木鸟等。

(3)削除或毒杀虫、卵。在6—7月份,成虫产卵后初孵幼虫盛发阶段,用小刀及时削除虫、卵(危害处有流胶,容易识别)。在9—10月再行削杀上次漏网幼虫。翌春若发现有树干基部排出新鲜虫粪,即用棉花蘸以20%乐果乳油或80%敌敌畏乳油5~10倍液或用56%磷化铝片剂的1/6~1/8片塞入蛀孔,再用湿泥土将全部孔口封闭(其他无虫的孔洞亦应封闭),15天后检查,如仍有新鲜虫粪排出者,则应继续防治。

(4)加强橘园管理,及时剪除枯枝,砍伐带虫果树并烧毁。冬季清园,枝干上有洞口的则用水泥、河沙或黏土堵塞,保持树干表明光滑洁净。

32. 褐天牛有什么危害? 如何防治?

褐天牛主要发生在夏季,以幼虫为害为主。幼虫在离地面0.5米左右的主干和大枝木质部蛀食,虫孔处常有木屑排出,树体受害后出现树体衰弱,受害严重的枝、干会出现枯死,或易被风吹断。

防治方法:

(1)捕杀成虫。在成虫发生期,于晴天闷热的傍晚时进行。

（2）其他防治方法与星天牛防治方法相同。

33. 绿橘天牛有什么危害？如何防治？

绿橘天牛主要发生在夏季，以幼虫为害为主。其幼虫初期向上蛀食小枝，至小枝横径难容下虫体时转而向下蛀食大枝条、主干，导致叶黄果落，枯枝落叶，树势衰退下降。

防治方法：

（1）初孵幼虫为害嫩枝时，于6—7月间及时剪除虫蛀枝是防治此虫继续为害的关键措施。

（2）成虫出现时，在晴天中午或午后加以捕杀。

（3）在驱赶幼虫进入底端后，用棉花蘸以氯化苦做成药棉球，于最后一个通气孔处塞入，然后用湿泥封闭通气孔，此法效果最为理想，唯须注意毒药的使用与保管。亦可用56%磷化铝片剂的1/6～1/8片塞入蛀孔内毒杀，封堵方法同前。磷化铝有剧毒，易吸湿、易爆，要注意安全使用与保管。

（4）保护天牛天敌，加强橘园管理。

34. 潜叶甲有什么危害？如何防治？

潜叶甲一般发生在3月底到4月底。成虫为害柑橘嫩芽、幼叶，在叶背取食叶肉，仅留叶面表皮；幼虫孵化后蛀食叶肉成长形弯曲的隧道，使叶片萎黄脱落。

防治方法：

（1）药剂防治。在越冬成虫恢复活动盛期和第1龄幼虫发生期，各喷洒20%乐果1 000倍液，90%敌百虫800倍液，80%敌敌畏1 000倍液1次，共喷2次。

（2）消除有利其过冬、化蛹的场所。用松脂合剂,在春季发芽前用 10 倍液,秋季用 18～20 倍液杀灭地衣和苔藓,清除枯枝枯叶,树洞用水泥或石灰堵塞。

（3）诱杀虫蛹。老熟成虫下树化蛹时用带有泥土的稻根放置在树杈处,或在树干上扎涂有泥土的稻草,诱集化蛹,在成虫羽化前集中烧毁。

35. 潜叶蛾有什么危害？ 如何防治？

潜叶蛾一般从 5 月下旬开始到 9 月中旬发生,一年发生多次,尤其是夏梢期最难控制。嫩叶受害重,嫩枝和果实有少数受害。其幼虫潜入表皮蛀食,形成弯曲带白色的虫道,使叶片卷曲硬化而易脱落,使新梢生长差。受害果实易腐烂。卷叶还为其他害虫越冬提供场所,在溃疡病区潜叶蛾造成的伤口为病菌的侵入提供了条件。

防治方法：

（1）农业防治。在夏、秋梢抽发期,先控制肥水,抹除早期抽生的嫩梢,在潜叶蛾卵量下降时集中放梢,配合药剂防治;冬季、早春修剪时剪除有越冬幼虫或蛹的晚秋梢。

（2）药剂防治。在新梢大量抽发期,芽长 0.5～2 厘米时,防治指标为嫩叶受害达 5％以上,喷施药剂,1～10 天喷 1 次,连续喷 2～3 次。药剂可选择 2.5％功夫乳油、2％阿维菌素或 20％灭扫利乳油 4 000～6 000 倍液;24％万灵水剂或 5％卡死克乳油 1 000～1 500 倍液;5％农梦特乳油 1 000～2 000 倍液;1.8％爱力螨克乳油 2 000～3 000 倍液;2.5％溴氰菊酯 4 000～6 000 倍液。每隔 15～20 天喷 1 次药。

（3）生物防治。其幼虫天敌有寄生蜂等,应加以保护。

36.玉带凤蝶和柑橘凤蝶有什么危害？如何防治？

玉带凤蝶以取食芽、叶为害,柑橘凤蝶以取食嫩叶、新梢为害。两者均为幼虫为害,4月份到6月份发生较多,常将叶片食成缺刻和空洞,严重时将叶片吃光仅留叶柄,对苗木和幼树危害大。

防治方法：

(1)人工摘除卵和捕杀幼虫,在雨后或早晨空气湿度大时捕捉成虫,或用杀虫灯诱杀成虫。

(2)冬季清除越冬蛹。

(3)虫多时可用90%敌百虫或80%敌敌畏1 000倍液、2.5%溴氰菊酯或10%氯氰菊酯或2.5%功夫3 000～4 000倍液进行防治。

(3)凤蝶天敌有凤蝶金小蜂、凤蝶赤眼蜂和广大腿小蜂等寄生蜂,应加以保护利用。

37.吸果夜蛾有什么危害？如何防治？

吸果夜蛾种类多,有46种以上,常见的有嘴壶夜蛾、鸟嘴壶夜蛾、枯叶夜蛾等。吸果夜蛾成虫以口器刺吸果实,留下针刺状取食痕,2～3天后开始腐烂,最后导致落果。

防治方法：

一般使用杀虫灯捕杀成虫,或采用以下方法防治。

(1)应尽可能大面积成片种植,切忌混栽。在园内及附近避免种植棉花、茴香、黄麻、烟草、花生、木槿、芙蓉、小蓟等幼虫寄主作物。对园区周边的幼虫寄主植物进行农药喷雾,可压低全年虫口数量。

（2）灯光诱杀。在果实成熟期，每亩橘园直立设置 40 瓦黄色萤光灯 1～2 支，山坡地形每亩设置 2 支，挂在橘园边缘，每隔 10～15 米 1 支，底端距树冠 1.5～2 米，诱杀成虫。

（3）果实套袋。对早熟品种应在 8 月中旬至 9 月上旬套袋，套袋前必须做好锈壁虱防治工作。

（4）糖醋液、烂果汁诱杀。按食糖 8％、食醋 1％、敌百虫 0.2％配成糖醋液，也可用烂果汁加少许白酒代替食糖。注意经常更换糖醋液。

（5）8 月下旬开始，树冠喷洒 50％库龙乳油（50％丙溴磷）1 000～1 500 倍液或 5.7％百树得乳油（5.7％氟氯氰菊酯）1 500～2 000 倍液防治。

38. 柑橘花蕾蛆有什么危害？如何防治？

以花期为害为主。成虫在花蕾直径 2～3 毫米时，将卵从其顶端产于花蕾中，幼虫食害花器使其成黄白色、不能开放的圆球形。

防治方法：

（1）关键是成虫出土时进行地面喷药，在花蕾直径 2～3 毫米时，用 50％辛硫磷 1 000～2 000 倍液、20％中西杀灭菊酯或 2.5％溴氰菊酯 3 000～4 000 倍液喷施地面，每 7～10 天喷 1 次，连续喷 2 次；成虫已开始上树飞行尚未大量产卵前，用 90％敌百虫或 80％敌敌畏 800～1 000 倍液、40％乐斯本 2 000 倍液等喷射地面，7～10 天 1 次连喷 1～2 次。

（2）幼虫入土前摘除受害花蕾煮沸或深埋。

（3）冬春翻耕园土杀灭部分幼虫。

（4）成虫出土前进行地膜覆盖。

附表:绿色食品生产允许使用农药及合理用药方法

农药名称	主要防治对象	稀释倍数	安全间隔期(天)	每年最多使用次数	最高残留限量(毫克/千克)
94% 机油 EC	红蜘蛛、矢尖蚧	50~200			
0.5% 苦烟(果圣)AS	介壳蚧	500~1 000			
50% 辛硫磷(倍晴松)EC	花蕾蛆	500~800			
90% 敌百虫(毒霸)晶体	椿象、黑刺粉虱	500~1 000	21		全果 0.05
80% 敌敌畏 EC	橘潜叶甲、卷叶蛾、黑刺粉虱	500~1 500			0.2
	天牛类	5~10			
25% 喹硫磷(爱卡士)EC	介壳虫、蚜虫	600~1 000	28	3	全果 0.5
40% 杀扑磷(速扑杀)EC	介壳虫	800~1 000	30	1	全果 2
40% 乐果 EC	介壳虫、蚜虫	800~1 000	15		2
48% 毒死蜱(乐斯本)EC	介壳虫、蚜虫、锈螨	1 000~2 000	28	1	0.3
25% 噻嗪酮(扑虱灵)WP	矢尖蚧、黑刺粉虱、柑橘木虱	1 000~1 500	35	2	全果 0.3
20% 除虫脲(敌灭灵)SC	潜叶蛾	1 500~3 000			1.0
5% 伏虫隆(农梦特)EC	潜叶蛾	1 000~20000	30	3	全果 0.5
5% 氟螨脲 EC	潜叶蛾、锈螨	1 000~2 000			
20% 丁硫克百威(好年冬)EC	蚜虫、锈螨	1 000~1 500	15	2	全果 2
98% 杀螟丹(巴丹)SP	潜叶蛾	1 000~1 500	21	3	全果 1
2.5% 氯氟氰菊酯(功夫)EC	鳞翅目害虫、	2 000~4 000	21	3	全果 0.2
20% 氰戊菊酯(速灭杀丁)EC	鳞翅目害虫、蚜虫、椿象	2 000~3 000	7	3	全果 2
2.5% 溴氰菊酯(敌杀死)EC	鳞翅目害虫、蚜虫	1 000~2 000	28	3	全果 0.05
30% 氟氰戊菊酯(保好博)EC	鳞翅目害虫、蚜虫	4 000~8 000			2
10% 氯氰菊酯(安绿保)EC	鳞翅目害虫、蚜虫	1 000~2 000	7	3	
20% 甲氰菊酯(灭扫利)EC	潜叶蛾、红蜘蛛	1 000~2 000	30	3	全果 5
10% 吡虫啉(蚜虱净)WP	潜叶蛾、红蜘蛛、蚜虫	1 000~1 500			
3% 啶虫脒(莫比朗)EC	蚜虫(橘二叉蚜、橘蚜)	4 000~5 000 1 500~2 500	14	1	0.5
	黑刺粉虱	1 000~1 500			

马家柚三字经

广丰县宣传部　徐高伟

马家柚，你姓马，我问你，家在哪？
大南镇，是我家，出生地，在马家。
当今你，人人夸，美名扬，自豪吗？
我自豪，你骄傲，我发展，你欢笑。
马家柚，我问你，啥原因？出名气。
会出名，凭实力，你品味，可证实。
肉质脆，水份足，酸甜适，味道美。
维生素，种类多，番茄素，含量高。
抗氧化，缓衰老，防疾病，保健康。
栽种你，怎择地？找苗木，去哪里？
紫黄土，最合适，泥层深，有后劲。
高肥力，更有益，坡耕地，别太陡。
整地时，要条垦，深挖穴，下基肥。
浅栽种，生长快，栽太深，反有害。
购苗木，去基地，品味纯，价格实。
四十棵，一亩地，株行距，要适宜。
选地形，怎讲究？管理好，啥要领？
喜阳光，忌风口，近水源，防旱期。

勤管理，要心细，防病虫，要及时。

幼苗期，施氮肥，壮果期，磷钾齐。

叶面肥，经常施，厚叶片，壮果实。

克螨特，灭蜘蛛，炭疽病，甲托灵。

剪枝条，足阳光，整树形，保通风。

采果时，要小心，不伤果，宜保存。

马家柚，果之王，易运输，久贮藏。

身价高，销路广，多种植，前景旺。

户户栽，家家富，大户管，最合算。

个人种，政府扶，好政策，快致富。

　　编后记：广丰县在"十二五"规划中，大力实施"1＋5"品牌战略，其中，"培植马家柚、天桂梨、白耳黄鸡三大农业品牌，促进农业产业化"，是"1＋5"品牌战略之一。为推进马家柚产业、实施"1＋5"品牌战略，全县上上下下掀起了推介、种植马家柚的热潮。《马家柚三字经》一文是徐高伟同志从工作体会中总结出来的，文字简练易懂，明白晓畅，内容朴实无华，形象生动，适宜于广大农村基层读者阅读。